总主编 周卓平 蒋 柯

做情绪的主人

情绪管理与健康指导手册

第十册

个人成长与职业赋能

本册主编 陈 莉 邹 洋

上海教育出版社
SHANGHAI EDUCATIONAL
PUBLISHING HOUSE

目录

认识自己的情绪　　　　　　　　1

情绪觉察　　　　　　　　3
情绪的表现风格　　　　　　　　6
如何管理愤怒　　　　　　　　11
小结　　　　　　　　19
反思 · 实践 · 探究　　　　　　　　19

走进高品质情绪　　　　　　　　21

高情绪能力的特征　　　　　　　　23
情绪管理的四要素　　　　　　　　26
增强情绪弹性　　　　　　　　32
小结　　　　　　　　39
反思 · 实践 · 探究　　　　　　　　40

拥抱真实的自己 41

寻找真实的自己 43

疗愈坏情绪 53

缓解压力 61

小结 69

反思・实践・探究 69

平衡工作与生活 71

工作与生活的关系 73

养成"五心"的工作心态 77

如何平衡工作与生活 90

小结 94

反思・实践・探究 95

破译幸福密码 97

幸福的五大误区 99

寻找生活的意义 114

提升幸福感从学会感恩开始　　　120

高心理资本的四个关键　　　125

小结　　　130

反思 · 实践 · 探究　　　130

认识自己的情绪

【知识导图】

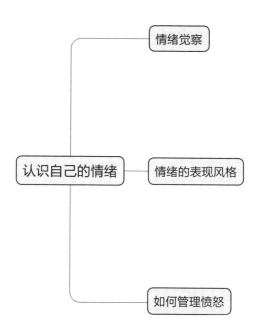

情绪觉察

认识自己的情绪 ——— 情绪的表现风格

如何管理愤怒

我们无法知晓未来，只能认知当下的情绪。

——佚名

情绪觉察

情绪觉察是共情的重要基础。情绪觉察指的是一个人识别和描述自己、他人情绪的能力，情绪管理和调节的工作始于情绪觉察。有的人用相当生动、贴切的语言描述自己的情绪感受，有的人只能用"头疼""胃疼"这样的躯体反应来表达情绪。莱恩和施瓦茨（Lane & Schwartz，1987）将情绪觉察划分为五个水平，分别对应不同的表现。

水平一，躯体感觉。情绪觉察体现为对躯体感觉和生理唤起的描述。个体不能描述自己的情绪体验，只能描述自己的躯体感觉，如"头疼"等。

水平二，行为倾向。情绪觉察体现为对行为倾向的描述。个体只能描述自己的行为倾向或整体状态，而且用于描述行为倾向

3

和整体状态的词通常不是专门用来描述情绪的，如"我感觉不好"。

水平三，单一情绪。情绪觉察体现为对单一的情绪感受，而不仅仅是躯体感觉或行为倾向的描述。此时，个体对情绪的描述是单一的、刻板的，如"我感到气愤"。

水平四，混合情绪。情绪觉察体现为对复杂的、连贯的情绪感受的描述。个体能够同时觉察到彼此对立或明显不同的情绪感受，如既感到悲伤又满怀希望。

水平五，混合情绪的交融。情绪觉察体现为个体对自己和他人感受到的复杂情绪的觉知。在觉察他人情绪感受时，个体能够通过想象自己处于对方的处境来体会对方感受到的情绪的多维性和细微差别，而且不因自己的情绪状态而有所偏倚。在这一水平上，个体能够用新颖或独特的语言甚至隐喻来描述情绪感受。

情绪是人类生命中不可或缺的一部分，情绪的表达和处理对个体的日常生活和各种决策、行为有着深远的影响。情绪觉察要求个体能够较为准确地感知自己当前的情绪状态，并作出适当的反应。

情绪觉察包括以下七个层次。

层次一，沉迷于情绪。这是情绪觉察的最基本层次，指个体陷入某种特定的情绪中无法自拔。在这一层次，个体的内心往往会受情绪的控制，往往导致个体作出不理性的决策。

层次二，意识到情绪。在这一层次，个体开始注意到自己的情绪，但个体还没有控制情绪的能力。个体知道自己正在经历某种情绪，但个体并没有意识到情绪如何影响其行为。

层次三，了解情绪的根源。在这一层次，个体已经开始理解自己情绪的来源，了解到自己对某些事情的反应是由于过去的某些经历或内在的信仰体系。

层次四，学习控制情绪。在这一层次，个体开始学会控制自己的情绪，并可以通过不同方式调整自己的情绪，保持情绪稳定，不让情绪掌控自己的行为和想法。

层次五，觉察他人的情绪。在这一层次，个体不仅可以感知自己的情绪，还可以

记下你的心得体会

感知他人的情绪。个体能够通过观察他人的肢体语言和面部表情，理解他人内心的情感状态。

层次六，影响他人的情绪。 在这一层次，个体可以影响他人的情绪，并使他人感到更舒适或更积极。个体能够通过肢体语言和言语来影响他人的情绪。

层次七，整合情绪。 在这一层次，个体已经可以将不同的情绪整合到一起，形成一个全面的对个人情绪状态的觉察。个体能够觉察自身多种情绪，整合处理这些情绪，从而找到一个更适合的响应方式。

情绪的表现风格

大多数人都有一种自然而然的、默认的情绪表达方式，社会规范和文化期望限定了个体的情绪表达方式。情绪表达方式是个体在成长过程中习得的，个体对唤醒情绪的因素的生理敏感性，也是习得的一部分。随着时间推移，个体与他人和世界的互动会强化个体的情绪表达方式。如果你是一个冲突避

记下你的心得体会

免型的人，你会不断抑制自己的情绪，你也可能永远得不到你想要的东西，因为他人并不知道你的情绪（如生气），也不知道你想从他们那里得到什么。

有各种各样表达情绪的术语和方法。从长远来看，情绪的内化表达、情绪的间接表达、情绪的外向表达、情绪控制，都与心血管疾病相关。情绪讨论，则是唯一的、长远来看可以带来更好的健康结果的情绪表达方式。

第一，情绪的内化表达。在这种情况下，个体否认、忽视、扼杀情绪，任由情绪在心中痛苦地酝酿。由于情绪没有表达出来，其他人可能意识不到你生气了。长期如此的话，可能会导致个体出现心血管疾病。

第二，情绪的间接表达。在这种情况下，个体通过被动、报复等行为来表达情绪，如背后议论人。情绪的间接表达并不会使情况发生任何改变，还会给个体带来各种身体症状。例如，你在生气时，身体上可能会觉得痛苦，如头疼或肚子疼。然而，通过

记下你的心得体会

7

间接的方式表达情绪，其他人可能意识不到你生气了，所以情况并不会发生改变，而这可能会导致你的身体持续出问题。

第三，情绪的外向表达。在这种情况下，个体通过身体或口头的形式将情绪发泄出来。个体可能会因为生气而责备他人。你最亲近的人可能会开始躲避你，或害怕靠近你。长远来看，情绪的外向表达也可能会导致心血管疾病。

第四，情绪控制。在这种情况下，个体意识到内心的情绪，但是个体耗费大量精力来仔细监控自己的情绪，以免发泄出来。在情绪控制状态下，其他人可能没意识到你生气了。从长期来看，情绪控制也可能会导致心血管疾病，不会使情况发生任何改变。

第五，情绪讨论。在这种情况下，个体愿意以温和的方式谈论情绪（如愤怒）。从维护人际关系和身心健康方面来看，情绪讨论是最佳的有利于身心的情绪表达方式。

回想最近或过去很长一段时间发生在你身上的重大情绪事件，你从中注意到什么？

你的情绪表达风格是哪种？

随着时间的推移，你的情绪表达方式有没有发生显著改变？请描述它是怎样改变的，为什么你认为你的情绪表达方式改变了？从某种程度来看，你的情绪表达方式对你的身体有好处吗？如果有好处的话，有哪些好处？如果没有好处的话，为什么没有好处？

接下来，我们试着从下面五个方面来解释生气行为背后可能的原因。

第一，寻求报复。你感到受到伤害，你想要寻求报复，以求公平。

第二，防止灾难发生。你感到无能为力，所以你想要掌控事件，防止灾难发生。

第三，推开他人。你感到灰心沮丧，想要退出生活，避免他人的评价。

第四，吸引他人注意。你感到不被尊重，所以你想要猛烈抨击以得到他人的认可或者证明你很重要。

第五，表达复杂情感。你感到内心不舒服，想要表达复杂的情感，减少不适感。

记下你的心得体会

【知识卡】

小阿尔伯特和华生

在 20 世纪 20 年代时，行为主义心理学家华生（John Watson）及其助手曾经在约翰斯·霍普金斯大学进行过一项名为"小阿尔伯特"（Little Albert）的实验，内容是关于个体对各种刺激的反应。

这个实验之所以名为"小阿尔伯特"，是因为当时华生挑选的实验参与者是一位名为阿尔伯特的小孩。实验内容是将几种不同的毛绒玩具给年幼的小阿尔伯特玩，小阿尔伯特经历了一个由惧怕到不再戒备的阶段。之后实验进入另一个阶段：放下戒备的小阿尔伯特放心地玩着小白鼠玩偶，华生的助手突然在小阿尔伯特身后敲响了金属棒，巨大的声音让小阿尔伯特瞬间号哭不止。在此之后，只要小阿尔伯特在玩小白鼠玩偶，华生的助手就会敲响金属棒，发出巨大的声响。渐渐地，年幼的小阿尔伯特便形成了一种条件反射，只要看到小白鼠玩偶，哪怕并不触碰，也马上会号啕大哭，表现出十分恐惧的样子，甚至会尝试立马离开玩偶。

华生的小阿尔伯特实验表明，条件性恐惧可以通过对一个无害的刺激（如小白鼠玩偶）与一个有害的刺激（如噪声）的联合来产生。这种恐惧可以通过多次重复过程来加强和巩固，最终形成条件反射。

如何管理愤怒

记下你的心得体会

扭曲性思维指的是你脑中让你感觉糟糕的想法。当你愤怒的时候，你需要正视自己脑中的想法，当你在解释事件的时候，你是否犯了以下六种错误？看看下面描述的想法在你身上有没有重复出现。

第一，认为别人在针对你。你会把事情个人化吗？即使事情与你没有关系或者关系很小，你也会感到受伤或者想发脾气。你寻找并期待他人对你的批评，一旦你发现了，你又感到受伤。但是，有时候事情不一定是针对你个人的，一个对你厉声说话的人可能只是因为他那天过得不顺，没有很好地处理好他自己的愤怒。

第二，忽略积极的一面。你只关注事情消极的一面，忽略了积极的一面。比如，你得到了很多称赞，但是你揪着仅有的几条负面反馈不放。

第三，追求完美。你对自己和身边的人期望太多，当他人没有达到你设定的高标准时，你会感到失望和受伤，你受到的伤害很快转化为愤怒。一个完美主义者很难看到自己和他人的优点，即使自己和他人已经拼尽全力。因为人终究不是完美无缺的。

第四，认为不公平。何为公平？何为不公平？这并没有绝对的标准。说某件事公平或不公平，主要是基于你的想法，你想要什么，你需要什么，或你期望什么。公平更多是在特定的情况下个体作出的主观判断。

第五，作出自我实现的预言。基于一件不如意的事，你对整个人生作出悲观、愤世嫉俗和失败主义的预言。你透过自己消极思想的棱镜看这个世界，总是期待最坏的事发生，往往你也得到最坏的结果。

第六，非黑即白。非黑即白的思维方式让你远离了真实生活中最常见的中间立场。

记下你的心得体会

比如，当一个好朋友让你失望的时候，你感到背叛。也许是因为你不愿意在特定的情况下告诉你的好朋友你想要什么和期望什么。下一次你见到他的时候，你生气地告诉他，你再也不会信任他了。

为了管理你的愤怒情绪，你需要识别并改正上述六种想法。

【小贴士】

发现扭曲性思维

下面四个步骤，可以帮助你发现自己的思维模式。

第一，描述一个很容易让你生气的情况（比如，在邮局排队的时候，有人插到你前面）。

第二，写下在这个情况下，是什么让你感到生气（比如，插队是对其他人的不尊重）。

第三，注意你的自我谈话，写下来（比如，"现在的人们都这么没礼貌"）。

第四，问问你自己，如果上面描述的情况发生在真实的生活中，会不会真的影响你的情绪。

大多数时候，像"小贴士"中描述的"插队"的情况不算什么大事，你没有理由因此大发脾气。但是，对于你不喜欢的或感到不合理的事情，你感到愤怒，这是合情合理的。如果你想通过发脾气的方式改变令你不满意的情况，那么你可以建设性地利用你的情绪。这样一来，你可以选择把发脾气看作既不好也不坏的行为，只是人之常情的选择。现在我们来了解以下十种扭曲性思维。

第一，不全则无或非黑即白的思维。

描述：在这种思维模式下，个体认为对方一无是处，自己完全正确。个体只有一种看待事物的方式，一种行动方式，并认为自己是完全正确的。

抵制这种扭曲性思维：试着接受对方的观点，设身处地地站在对方立场一会儿，从另一个角度看待问题。

第二，责怪。

描述：在这种思维模式下，你会认为是对方导致你生气，是对方导致你出现这样的情绪反应。

抵制这种扭曲性思维："用心体会你

当下生气的感觉，寻找自己生气的真实原因——是失去了什么？是自己的哪个需要没有被满足？"

第三，灾难降临。

描述：在这种思维模式下，个体认为，最糟糕的结果将会出现。

抵制这种扭曲性思维：问问自己："最糟糕的结果出现的可能性有多大？还可能出现什么结果？"

第四，情绪推理。

描述：在这种思维模式下，个体认为，自己在情绪状态下感受到的就是事情的真相。

抵制这种扭曲性思维：问问自己："事情的真相到底是什么？"琢磨一下实际发生的情况，暂时不要在情绪状态下作出推理和判断。

第五，归纳。

描述：在这种思维模式下，个体认为，这种事"总是"发生在你身上，事情"从不"照着你的想法进行。

抵制这种扭曲性思维：提醒自己，事情

记下你的心得体会

15

有时候是顺利的，有时候不顺利。同样的情况并不总是获得一样的结果，你和其他人并不总是以同样的方式行事。

第六，贴标签。

描述：在这种思维模式下，个体可能会给其他人的行为或角色贴上负面标签，导致你辱骂或贬低他人。

抵制这种扭曲性思维：贬低语言和辱骂他人的话最好不要说出口。好好想想：不加入任何情感色彩的话，你的语言是什么？

第七，最大限度地减少积极因素。

描述：在这种思维模式下，你感觉你很难与人和平相处，你甚至觉得你与身边所有人都性格不合，以后很难再相处下去了。

抵制这种扭曲性思维：承认你与他人有积极的关系，即使他人让你生气，你们之间除了不愉快，也有积极的互动。你要承认存在积极因素。

第八，错误归因。

描述：在这种思维模式下，你觉得自己能看透别人的心思，你认为自己知晓其他人行为的动机和理由，导致错误归因。

记下你的心得体会

16

抵制这种扭曲性思维：坚持事实，理智观察，实际上发生什么？不要对他人的想法或动机进行解释、假设或猜测。

第九，负向过滤。

描述：在这种思维模式下，个体认为，情况只有消极的一面，不可能产生积极的结果。

抵制这种扭曲性思维：接纳积极的可能性，你不一定知道事情的走向。把你的视野扩展一下，为正在发生的事情搜索积极的解决方案。

第十，"应该"表述。

描述：在这种思维模式下，你认为，人们应该以特定的方式行事，或者这种情况应该产生特定的结果。

抵制这种扭曲性思维：提醒自己，这种"应该"表述是主观的。你认为某人应该采取某种行动或某种思考方式，可能并不是那人自己认为应该采取的行动或思考方式。

哈尼亚列举了自己工作中出现的扭曲性思维的许多例子，比如：

不全则无或非黑即白的思维：她认为同事是完全错误的，她是完全正确的。

归纳：她认为团队成员总是把事情搞砸，永远不会在最后期限之前完成工作。

贴标签：她认为同事无能并狠狠地辱骂同事。

最大限度地减少积极因素：她并不会想到，同事也有做对事情的时候。

现在，请在留白处写出你自己最常发生的扭曲性思维。

哈尼亚通过参加情绪管理小组，努力扭转自己的扭曲性思维。

归纳：她试着想："我是团队领导，我不能把所有事情都怪到其他团队成员身上。"

贴标签：她认识到骂人不但不管用，还会让她陷入更大麻烦。

最大限度地减少积极因素：她记下团队成员做得好的事，并与他们分享。

现在请在留白处写出可用来抵制你的扭曲性思维的想法。

小结

1. 情绪觉察是共情的重要基础。情绪觉察指的是一个人识别和描述自己、他人情绪的能力，情绪管理和调节的工作始于情绪觉察。

2. 情绪有五种表达方式：情绪的内化表达、情绪的间接表达、情绪的外向表达、情绪控制和情绪讨论。

反思·实践·探究

约翰是一名高中生，他的生日快到了。他邀请了一群朋友来参加他的生日派对，但派对当天发生了一些事情，让约翰感到非常不开心。

约翰的家人注意到约翰情绪低落，但约翰没有告诉任何人他为什么不开心。约翰试图在派对上保持微笑，但心里却一直想着那些令他不快的事情。他对朋友的态度也变得有些冷淡，不再积极地与朋友互动，而是选择独自待在角落里。后来，约翰感到自己再也无法掩饰他难过的情绪，在派对上大哭了起来，告诉所有人他非常不开心。朋友都过来询问和安慰约翰，尽管约翰还是感到非常不开心，但他试图控制自己的情绪，不让情绪继续影响派对。约翰尽力保持微笑，不表现出情绪上的波动。后来，约翰在派对结束后与他最亲近的朋友坐下来，讨论了让他不开心的事情，在朋友的支持和理解下，约翰感觉好多了。

1. 你能识别出案例中情绪的内化表达的迹象吗？

2. 在案例中，约翰是如何间接表达他的情绪的？

3. 你能找出约翰情绪外向表达的例子吗？

4. 在案例中，情绪讨论是在什么时候发生的，它对约翰有什么帮助吗？

走进高品质情绪

个人成长与职业赋能

【知识导图】

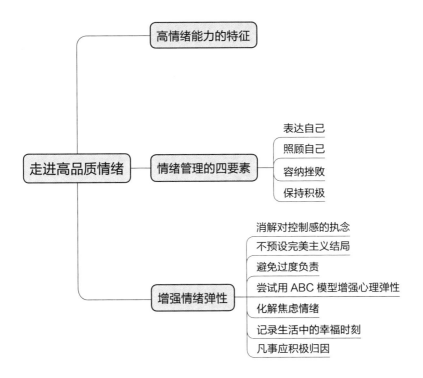

能控制好自己情绪的人，比能拿下一座城池的将军更伟大。

——拿破仑

高情绪能力的特征

1990 年，美国心理学家萨尼（Carolyn Saarni）提出了情绪能力的概念，并将其视为个体在社会交往中自我效能的表现，包括：知觉自我情绪的能力、识别他人情绪的能力、情绪表达能力、移情能力、情绪调节能力、意识到情绪决定某些关系的能力等，强调个体与环境的相互作用以及由此表现出的个性行为。

很多人会在一些特定的时刻产生防御心理。比如，在面对不确定的任务时，在挑战自己不熟悉的领域时，在遭受到挫折和否定时，个体出于自我保护，会否定或逃避现实。在这些时刻，个体就会出现一些负面的想法、感受，对环境也会产生敌意的看法。这些负面情绪和敌意的看法，会影响个体的行为和决定。

记下你的心得体会

23

然而，情绪能力高的人则不这样。情绪能力高的人擅长接受外界的反馈，采用不同视角，哪怕这些反馈和视角对个体来说是负面的，他们也会接受或采纳。他们关注自己的目的，无论是解决问题还是提升自我。他们很擅长调节自己，一旦发现自己无法适应现实的要求，就会作出自我改变。他们不固执，也不执着于一些特定的行为、思维模式。他们不会自我限制。

情绪能力高的人一般具有以下三个特征。

第一，时刻保持觉察，拥有开放的心态，不轻易给自己下结论。他们不给自己贴标签、下定义，经常觉察和反思当下的自己——自己变化的欲望、需求、能力。他们不给自己设限，他们经常和自己说"可以试一试""说不定有可能"。

第二，能够识别不同情境对自我的不同要求，并能够适应这些要求。情绪能力高的人，擅长顺应情境要求改变自身，根据外界的变化和新的环境，快速学习，调整自己的行为模式，从"多面的"自我中调出最适合的可以应对当下情境的那个自我。每个人都有与生俱来的学习能力，只不过由于自我设限，阻碍了个体学习。情绪能力高的人，有更少的自我限制，表现出更高的学习效率。

第三，当自己的思维和行为模式让自己在现实中受挫时，能够切换思维模式，调整自己的行为。一个人对自我的看法越僵化，越认为自己是确凿的，对自我的印象越固定，就越容易感受到挫折和伤害。情绪能力高的人，更少因为否定自我或质疑自我而感受到挫折，他们擅长接纳、顺应和调适自我。

如何提高个体的情绪能力水平呢？

第一，个体需要敏感地察觉自身的情绪，通过有意识的训练来缓解消极的情绪或维持积极的情绪。

第二，积极寻求正规心理咨询，清理内心的情绪垃圾也是一种好方法。

第三，积极参与职业培训活动，提升自身的专业能力。这可以增强工作中的成就感。

第四，尽可能从多维的角度去思考问题，更多使用认知重评的调节策略，提高自身的情绪管理水平。

记下你的心得体会

第五，有意识地训练自己的工作记忆。有研究发现，短期情绪性工作记忆训练能够提高个体的情绪调节能力，因此运用记忆训练策略训练工作记忆可以提升个体的情绪能力。

情绪管理的四要素

情绪管理，意思是不要在情绪的作用下说出日后会后悔的话，做出日后会后悔的事。也就是，在情绪激动时能让自己平静下来，用冷静的头脑评估态势，采取合乎情理的行动。情绪管理的四要素包括：表达自己、照顾自己、容纳挫败、保持积极。

表达自己

当你表达自己的时候，你是在进行建设性的沟通。有这样一句话：沟通是 10% 的信息和 90% 的情感。这句话的意思是良好的沟通不只依靠传递的信息，也依靠传递信息时个体带有的情感。这就像玩接球游戏一样，你需要确保你传递给别人的信息正是他们接收到的信息，而你接收到的信息也正是对方传递给你的信息，这说起来容易做起来难啊！

言行一致的沟通是有效的、富有建设性的，如果你言行不一致，那么你的听众会要求你澄清，而你则不得不将之明确。当你与别人说话的时候，注意你当时的感受，注意你用到的词语，包括你的肢体语言（如眼神、手势、坐姿等）也在传递信息。

沟通是一条双行路，你在有效表达自己的同时，也需要在对话中认真倾听对方。比如，如果你的妻子跟你一遍又一遍地重复同一件事，或许那是因为她觉得她的感受没有与她的话语一起被你听见，这是一个很常见的问题，因为听众很容易跳过一个人的感受，而开始给出建议、分享事实或者努力将问题最小化，而不是倾听对方真正在说什么。如果你拒绝倾听对方的感受，实际上你就是在说："你的感受不对，你没有权利那样想。"如果你用语言攻击他人，他人会反击并为自己辩护，很快讨论就会升级到一场与真实感受需要完全不相关的争论中，这时候再进一步谈话也是解决不了问题的。

【知识卡】

会传染的情绪

美国洛杉矶大学医学院心理学家斯梅尔（Gary Smile）做过一个心理学实验：他让一个笑容满面、开朗乐观的人与一个愁眉苦脸、抑郁难解的人同处一室，并观察两人的情绪变化。结果，不到半个小时，这个笑容满面的人就变得愁眉苦脸起来。

斯梅尔随后还做了一系列验证，进一步证明：人的不良情绪会在不知不觉中传染给别人，最长不超过20分钟。也就是说，当你的身边出现一个充满负能量的人时，你接收到的都是负面信息。哪怕你自己再积极向上，也会不断被消耗。

踢猫效应，也叫踢猫理论、情绪传递效应、坏情绪连锁传染效应，指对弱于自己或者等级低于自己的对象发泄不满情绪而产生的连锁反应。

踢猫效应描绘的是一种典型的负面情绪的传染过程。不满情绪和糟糕心情，一般会沿着等级和强弱组成的社会关系链条依次传递。由金字塔尖一直扩散到最底层，无处发泄的最弱小的那一个个体，则成为最终的受害者。

如果你没有被完全倾听，那么你也没有办法表达你的需要，所以当你感觉对方没有认真倾听自己，而只是打断你说"那太荒谬了"的时候，你会感觉灰心丧气或者无比生气，这也是可以理解的了。你没有办法解决一个问题，除非你完全理解这个问题。完全地沟通——倾听对方话语的同时倾听对方感受——才能引向理解。然而，奇怪的是，不管什么样的问题，一旦讨论该问题的人们确定他们的感受已经被听到，通常就没有什么需要解决的问题了。

照顾自己

当你照顾自己的时候，你就是在增进你自己的幸福感。你的幸福与别人的幸福同等重要，所以你在考虑别人的幸福时，也需要考虑一下自己的幸福，你不用时刻都要取悦他人。今天，或许你应该照顾自己，让其他人去扫地、洗碗、洗衣服。

然而，这说起来容易做起来难。如果你拒绝别人的话，那些想让你为他们做事的人可能会认为你是自私的，你自己或许也会

记下你的心得体会

这么认为，但拒绝别人实际上更多是保护自我。如果你不能先把自己照顾好，怎么能真正照顾好别人呢？除此之外，为什么你不成为照顾自我的榜样呢？否则，你的所作所为正是在告诉别人，你随时随地都在准备为他人解决问题，这样的话他人永远不会学着自己做事情。设立界线最初可能会比较难，但是，只有这样才能照顾自我。

容纳挫败

当你增加了对挫败的容忍度，你就是在培育宽仁之心。如果别人伤害你，例如，邻居在你背后讲你的坏话，你的同事排挤算计你，你的配偶出轨，你想要猛烈抨击对方，尤其是当这个人背叛你伤害你时。

然而，如果你与伤害你的人力量悬殊，你不能反击回去时，你会感到极度沮丧。为什么你不能报复？为什么要原谅背叛你的人？这些都是正当的问题。这些问题的答案都牵扯到一个重要的事实：原谅他人的不良行为不等于忘记或者赦免了这种行为。

忘记意味着压抑——将伤害与坏情绪严

密封锁起来，但原谅则意味着一种强大的立场，原谅意味着你可以放开关于一个人或者一件事的痛苦感受，你能继续自己的生活。他人的恶劣行为给你造成了痛苦，你选择放下怨恨和痛苦，原谅他人的伤害性行为，你给他人一个机会，一个让他们为自己行为负责的机会。

你的原谅行为是为你自己好，不是为了别人。就像俗话说的，对别人怀恨在心就像自己饮下毒药却等待对方死去一样。如果你寻求报复，或者对他人心怀恶意，那么这种痛苦的感觉会耗尽你的精力，让你的伤口久久无法愈合。如果你增强容纳挫败的能力，也就是说，当别人伤害你或者让你失望的时候，你选择不去抨击他人，那么你会更多地了解这个世界，发现新的成长的机会，因为你已经拥有放下过去并享受当下的能力。

保持积极

当你保持一种积极的态度时，你就能更好地管理你对生活的态度。你对生活的态度涉及具体的事件以及与事件相关的其他人，但更多是你的感受，而与具体的事件和人关系不大。如果你认为世界是一个可怕的地方，事事都对你不利，那么你就会持有悲观和敌意的态度，这为你发脾气、悲伤或者担忧埋下了伏笔。对于你周围的世界，你可以自己选择看待世界的方式。如果早上醒来看到外面在下雨，你可以把下雨这个事实当作大自然对你的冒犯，哀怨这糟糕的天气，认为这是令人沮丧的一天。你也可以向外看看雨，然后为自己在暖和、干燥、舒适的家里而感到心满意足，这真的取决于你自己。

增强情绪弹性

面对我们内心纷繁复杂的情绪和感受，如何才能保护好自己？以下列举了增强心理弹性的七个办法。

【知识卡】

情 绪 弹 性

弹性最初是一个物理概念，指物体在外力作用下发生形

记下你的心得体会

32

变，当外力撤销后能恢复原来形状的性质。同样的道理，情绪弹性就是指人在面临外部压力、情境突变或心理挫折时，能有效应对并使身心发展趋向良好的能力。情绪弹性本质是人对压力环境或危机境况的适应能力，反映人的情绪对外界客观刺激等因素变化的适应程度或敏感程度。

情绪弹性作为一个心理学专门术语经常出现在学术文献中。在涉及情绪弹性术语的文献中，大多数研究者把情绪弹性与心理弹性看作同一种心理现象，对情绪弹性概念的界定仍然围绕着定义心理弹性的几种取向，对情绪弹性的理论和实证研究也遵循心理弹性的研究思路。但有少部分能力取向的研究者主张把心理弹性与情绪弹性区分开来，认为心理弹性的范畴更广，由多种因素构成，其中情绪弹性是构成心理弹性必不可少的重要成分之一。情绪弹性是指个体产生积极情绪以及从消极情绪体验中快速恢复的能力，它包含两层含义，由两个基本要素构成：一是面对负性情绪刺激时，个体能够产生积极情绪的能力（积极情绪能力）；二是个体即便经验到负性情绪，也能快速从负性情绪体验中恢复过来的能力（情绪恢复能力）。

消解对控制感的执念

人类天生对掌控感异常迷恋，当我们担心无法掌控未来可能发生的事时，焦虑就会产生。例如，你平时有列表完成计划的习惯，凡事都要列个清单，工作、生活甚至旅游时的计划都要按部就班、一丝不苟。但这有可能更平添我们的焦虑，一旦有超出计划表之外的意外事件发生，心理预期被打乱，失控感就会将我们层层裹挟，压得我们喘不过气来。消解对掌控感的执念，是缓解焦虑的第一步。只有当你能够相信并接受"无常即恒常"时，才能充分感受到当下的美好和快乐，从而获得更深层次的幸福感。

不预设完美主义结局

我们常常受到过拖延症的困扰，工作或者学习任务当前，却一面拖延、一面焦虑。

其实拖延症背后的心理症候并非懒惰，而是完美主义作祟。可以试着接受"我可以犯错"的理念，将出现的错误和他人的建设性批评，视作成长的机会，放弃与他人的过度比较，接受这样的事实：某件事情我们做得好与不好，并不能反映出作为一个人的真正价值。

避免过度负责

过度负责者常常关心别人比关心自己多，过度为他人着想或承担责任，也就是我们常说的"讨好型人格"。这样的讨好行为不仅无法帮助个体建立健康的人际关系，还会降低个体在他人心中的原则和底线。

过度负责的思维会让个体在单方面讨好中越陷越深，时刻焦虑于自己的行为是否会使他人不快，以至于丧失了自己的生活和主见。

无论是在工作还是生活中，你都需要时刻提醒自己，你的个人价值并不建立在他人的评价上，而建立在自己是否创造了令自己满意的价值。

尝试用 ABC 模型增强心理弹性

在 ABC 模型中，B 是最关键的一步，揭示人们的感受和行为并不是由负面事件 A

直接导致的，而是由个体对负面事件的想法或信念导致的（A→B→C）。负面事件产生影响的大小，实际上与个体内心如何看待负面事件有关。通过练习使用 ABC 模型可以帮助个体有效阻断悲观式"反刍"。当负面事件已经发生时，个体应将负面事件 A 抛在脑后，建设一个坚强的信念 B，第一时间考虑补救的措施，以改善结果 C。

【小贴士】

ABC 模型

ABC 三个字母分别代表了人们对负面情绪反馈的三个阶段。

A（adversity）是个体遇到的各种各样负面事件，可大可小。

B（belief）是个体的想法或者信念，是个体对负面事件的解释。

C（consequence）是行为的后果，包括个体的感受和由感受带来的各式各样的行为。

化解焦虑情绪

第一个问题"我担心会发生什么？"帮你思考你担心未来发生的哪些不可预测的事情；第二个问题"最糟糕的结果是什么？"帮你思考可能得到哪些最糟糕的结果；第三个和第四个问题帮你找回掌控感。化解焦虑情绪，就是把不确定的因素过滤掉，专注于可以掌控的事。比如，你担心自己被裁员，每天花大量时间去看相关的报道，这会让你有更多未知和不可掌控的感觉。然而，更可控的是你把手头的工作做好，同时留意行业内的工作机会，做到未雨绸缪。

【小贴士】

化解焦虑情绪

当你感到很焦虑时，可以尝试问自己如下四个问题。

第一，我担心会发生什么？

第二，最糟糕的结果是什么？

第三，如果最坏的结果发生了，对我现阶段会有什么影响？

第四，如果最坏的结果发生了，对我未来会有什么影响？

记录生活中的幸福时刻

积极体验是由认知决定的，我们要锻炼感受幸福的能力与正向思维，这能够让我们减少消极的时间，培养心理韧性。我们可以每天记录三个幸福时刻，它们不一定是工作或者生活中取得重大成功或者有重大突破，领导的一句赞赏，同事的一句鼓励或者完成某个线上课程的学习，都值得被记录。这些幸福时刻看起来似乎不值一提，或许暂时对改变现状没什么作用，但是坚持下去，你就会发现，每天你记录的幸福时刻会给你带来幸福和幸运的感受，可以让你保持心态积极，而不至于长期处于低迷或抑郁的状态。

凡事应积极归因

记录生活中的幸福时刻是一方面，想要让幸福时刻转化为心理韧性，我们还要挖掘这些幸福时刻让我们感到幸福的原因。与化解焦虑一样，你可以用积极的心态，梳理自己的思路，作出积极归因。

比如，领导今天称赞了你，在欣喜之余，你可以进一步想：领导为什么会称赞你？是你的工作完成得好，还是你的态度很端正？如果是你的工作完成得好，你可以复盘一下：自己是如何达成的，是效率取胜，还是找对了方法？这种方法是否能在将来的工作中使用，以此来提升我们的能力？通过不断有意识地将自己的体验与带来这种体验的环境和过程关联起来，你会下意识强化这样美好的体验，并形成一套正向的、积极的归因模式。

当积极归因成为我们的思维习惯时，我们就能改善首先关注负面情绪的天性，用情绪弹性来对抗不利事件带来的焦虑和精神内耗。

小结

1. 高情绪能力的人往往具有以下特征：时刻保持觉察，拥有开放的心态，不轻易给自己下结论；能够识别不同情境对自我的不同要求，并能够适应这些要求；当自己的思维和行为模式让自己在现实中受挫时，能够切换思维模式，调整自己的行为。

2. 情绪管理的四要素：表达自己，照顾自己，容纳挫败，保持积极。

3. 增强情绪弹性的七个办法：第一，消解对控制感的执念；第二，不预设完美主义结局；第三，避免过度负责；第四，尝试用 ABC 模型增强心理弹性；第五，化解焦虑情绪；第六，记录生活中的幸福时刻；第七，凡事应积极归因。

反思·实践·探究

艾莉丝是一名会计专业的大四毕业生，她一直梦想着成为一名注册会计师。她大学期间努力学习，终于拿到毕业证和学位证，开始寻找会计师的工作。艾莉丝在参加面试前精心准备，对着镜子不断练习，但到真正面试的那一天，仍然存在许多她无法回答的问题。第一次面试非常失败，艾莉丝感到自己糟糕透了，非常沮丧和自责，觉得自己特别差劲。艾莉丝振作一点后，又参加了很多面试。她逐渐明白并不是每次面试都会成功，自己不该一直陷入沮丧情绪中，而应该不断审视自己的表现并从中学习。为了尽快调整自己求职的焦虑心情，她在朋友的帮助下学习了深呼吸、冥想和其他应对焦虑的技巧，以帮助自己在面试时保持冷静。在求职过程中，她也更加清晰地认识到失败并不意味着她无法成功，她还需要继续努力，不断成长。

1. 在本案例中，你能识别出艾莉丝如何消解对控制感的执念吗？

2. 艾莉丝是如何避免预设完美主义结局的？

3. 在本案例中，艾莉丝是如何化解焦虑情绪的？

拥抱真实的自己

个人成长与职业赋能

【 知识导图 】

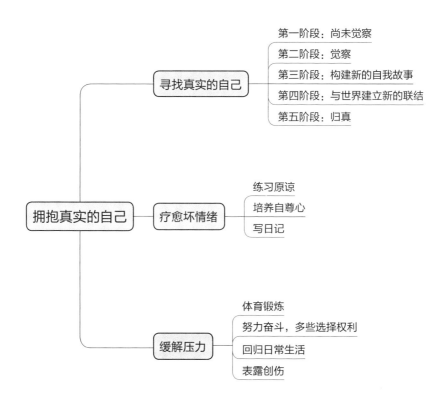

寻找真实的自己
- 第一阶段：尚未觉察
- 第二阶段：觉察
- 第三阶段：构建新的自我故事
- 第四阶段：与世界建立新的联结
- 第五阶段：归真

拥抱真实的自己

疗愈坏情绪
- 练习原谅
- 培养自尊心
- 写日记

缓解压力
- 体育锻炼
- 努力奋斗，多些选择权利
- 回归日常生活
- 表露创伤

认识你自己。

——苏格拉底

寻找真实的自己

在成长过程中，人总是试着融入人群，学着与他人一样。为了与他人一样，你已经付出很多努力，忍受了很多痛苦。做自己的冲动与不能做自己的冲动之间的张力如此强烈，以致你觉得做自己已经成为一个你想摆脱的负担。你常常想，如果我不是我该多好。你看不见自己的天赋，否认自己的观点，甚至放弃真实的自我。你努力成为所谓的"正常人"的样子，然而却往往不能如愿。你受困于此，不得自由。你的内心充满创伤，你要想愈合。然而，愈合的唯一办法就是充分认可你自己，拥抱你自己的独特需要和愿望，不退缩，也无须为不能成为和他人一样的人而感到抱歉。你要坚信自己的独特性，对自己充满信心。

之前你可能已经听说过"真实需要勇气"。的确是这样，做真实的自己尤其需要

勇气。当你的人生道路与他人不同时，这种
差异会激起一种混合着恐惧、孤独和不确定
的感受。做自己一开始是很让人害怕的，因
为这意味着你要"杀死"旧的自己。这个过
程堪比死亡与重生，你必须放弃某些幻想与
期待，不再去想"我本应该是什么样"。你
需要坚定地远离一切与你的真实自己不一致
的东西，这意味着你要放弃某些关系，某些
关于你自己的观点，而且，在你为自己在这
个世界上找到新的、真正的"位置"之前，
你或许要暂时经历一段时间的孤独与空虚。

　　如果别人总是说你"太敏感了""想得
太多了""怎么就你一个人搞特殊，就你和
大家不一样？"你感到自己不被理解，开始
怀疑自己观点和想法的正确性，感到受伤。
这个的时候，请你充分认可你自己是一个独
特的存在，拥有独特的观点。

　　在安徒生童话《丑小鸭》中，主角丑小
鸭并不需要"做"什么去让自己变成白天鹅。
从第一天起，周围的鸭子不认可丑小鸭自然
本真的样子。因为这只丑小鸭与众不同，所
以遭到周围鸭子的嘲笑，笑它丑。这个故事

就是丑小鸭揭开层层伤口，最终发现自己的过程。就像丑小鸭一样，你或许也曾认为你自己应该像其他人一样思考、感受和行动。为了避免被批评或更好地融入群体，你压抑真正的自己。虽然这样做似乎可以让你获得片刻的"安全感"，但最终除了灵魂上的病痛之外，你什么也得不到。

说到底，做自己是你与生俱来的权利，不要躲躲藏藏过一生，用你的内在力量重新书写关于你自己的故事，写下那些迄今为止你认为真实属于你的故事。从本质上看，这是一个与自己重新建立联结的过程，找回之前被你回避和否认的那一部分自我，触碰最深的自我。

这需要历经五个典型阶段，下文将概括这五个阶段。在寻找真实的自己的过程中，你要不断尝试更开放一些，对自己和他人都更真实一些，更多展示自己脆弱的一面。你必须不断调整你的自我意象和行为，最终在自我与社会要求之间达成平衡。你成长环境中的个人因素，从当下的环境到你所处的文化，都会影响你走过这五个阶段的步伐及速

记下你的心得体会

度。尽管这五个阶段看起来像是一个线性的过程，但找到并拥有真实的自我并不是一蹴而就的事，而是持续一生的过程，没有对与错之分。

第一阶段：尚未觉察

在这一阶段，你尚未觉察自己与别人有什么不同。你还没有发现自己独特的品质。换句话说，你认为自己是主流人群中的一员，没有什么独特之处。你认为每个人都和你想得一样，和你有一样的感受，反之亦然。当你试着与别人保持一致时，你或许就会压制某些浮现于你的内心又与文化常规不一致的想法或感受。然而，你又能敏锐地感觉到你与他人不一样。这时，你就进入第二阶段。

第二阶段：觉察

进入到第二阶段，你开始注意到自己有一些特质或者倾向，使得你和别人不一样。比如，你发现自己会对某些主题感兴趣，会因为某些原因对某些事产生极大的热情，或者你会体验到一种极致的迷恋的感觉。随着你慢慢成长，你的情绪体验也越来越深刻，你开始从人格类型到信仰系统全方位地、主动地思考"我是谁？"如果你所处的环境不支持个人天赋和与众不同，比如，很多文化都崇尚集体主义，遵循传统习俗，提倡整体统一，那么你可能会对自己的独特品质感到不安。另外，你还可能感到内疚、羞耻，对未知的未来感到恐惧，这不奇怪。相应地，你可能会发展出一个"假自我"，即你会遏制自己自然自发的兴奋引发的外向行为或者把它们藏起来，从而让自己更合群。

第三阶段：构建新的自我故事

在第三阶段，你开始寻找那些能够解释你的生命体验的知识。通过阅读、查询相关信息，你可能会获得一些极具启发性的信息。这些探索会让你构建出一个新的故事，让你重新定义"我是谁"并重新理解你的生命体验。你的新发现不仅让你大开眼界，而且也在疗愈你。渐渐地，你会发现，尽管你属于小众群体，但还是有和你一样的人。

记下你的心得体会

在你的内心深处，或许你仍然在接纳或拒绝之间徘徊，或许你一开始只能部分而不是全部接纳自己的本性。比如，你认为你因为一部电影哭泣是可以的，但你不能对遥远的过去伤感。一部分的你或许依然认为，敏感的特质是不对的、自私的，甚至想有朝一日能克服掉敏感这个毛病。

你可能害怕以后你会与社会疏离。你意识到周围的人与你的感受、想法不一样，你可能会害怕被家人、同伴或者全社会排斥。甚至你可能会因自己的与众不同而感到内疚，觉得自己背叛了养育你的人。当你开始以新的自我与他人打交道时，你或许还会有障碍，这些障碍来自你的低自尊、害怕暴露，以及内化了的羞耻感。如果你与人交往的体验全是负面的感受，那么你可能会选择减少与外部世界接触，你认为你的敏感让你不可能有正常的社交生活。如果你总是用躲藏或退缩这些破坏性行为来压制自己真实的感受，那么到最后你只剩下内在的空虚感，不太确定自己是谁，活着的意义是什么。

当你觉醒，开始意识到你敏感的特质

记下你的心得体会

48

让你在情绪及同理心方面拥有天赋时，你会发现，与之前相比，你的生活有了更多的可能，但要拥抱新的可能，你必须放弃那些不再有用的想法与期待。对未知未来的恐惧，尤其是对他人拒绝与嫉妒的恐惧，可能会让你羞于展示自己的力量。

要前进到第四阶段，你必须完成的任务是：拥抱你的局限性，同时也拥抱你的力量，重新审视你自己，改变你的价值体系，活出生命的意义。

第四阶段：与世界建立新的联结

你开始认识到，拥抱真实的自己不是一劳永逸的，而是需要你持续不断地在你的价值观、你的行为和这个世界对你的看法之间摆荡。就像在第三阶段一样，"我可以相信谁？""我对自己的认识有多少？"这些问题仍然萦绕在你的心头。你开始着手解答这个问题。面对这个世界，你如何才能既保持开放与真实又不会过于天真？

离开了主流大众，你会对周围的人更有分辨力。现在你更在意友谊的质量，而不是

记下你的心得体会

朋友的多少。你拥有深度的情绪体验，你会发现支持你的朋友或者伴侣是无价之宝。通过真实的或者虚拟的交流，你能够分辨出哪一种关系模式是积极的，并能加强你们之间的纽带，这会开启一段疗愈之旅，治愈你在之前的关系世界中留下的创伤。一旦你认识到，你的需要与社会的道德标准以及爱与成功的标准不一致时，你就到了重新商定你的社交边界及个人边界的时候了。请你牢牢记住并坚信：对于那些不欣赏你独特品质的人，你有权利减少与他的联系，当你剪断一些联结，离开那些限制你的关系后，你的社交圈子可能会改变。这种重建可能不局限于社交方面，在生活或者职业方面也要改变。

慢慢地，你会明白并相信，你根本没有什么错。这种认识有时候会激起你的愤怒，自己曾经怎么那么能忍。为了好好利用这部分能量，为了进入到第五阶段，你可能要在建立新的联结后，继续作出积极的改变。有感于你自己的故事，你或许觉得自己有义务支持那些和你一样的人，他们由于敏感或与众不同被社会排斥，被边缘化，并贴上病理性标签。

第五阶段：归真

到了第五阶段，你要把你了解到的与自己有关的内容整合进对自己的认识，形成凝聚的自我认同。接纳你自己与众不同这一事实，同时你还能感受到与外部世界有着深刻的、有意义的联结，并欣赏这一联结。

你与他人既有相同之处又有不同之处，你既想要与众不同又想要融入人群，这会带给你紧张感。只有你收获了情绪上的成熟，你才能轻松应对这种紧张感。虽然污名化、不公正、不理解仍然伴随着你，但是你不再觉得世界是战场，你正在与其他跟你不同人鏖战。

你会把敏感的特质看作你整体的一部分，你身份认同的一块儿。你会感到你的人格既丰富又充满流动性。

作为芸芸众生中的一员，你认同自己的身份并对此充满信心，你不再需要"假自我"。尽管还会有一些场合，你会选择尽量少地展示你自己，但你会找到一个安全的地方，几个可信任的朋友，能让你尽情做自己，做一个情绪强烈、理想主义、动力十足、容易激动兴奋的人。

在最理想的情况下，你还会觉得自己被某种使命驱动，这种使命与你的天赋相一致，而且有一股内在的力量推动你去做其他与众不同的人的榜样。积极主动地捍卫你相信的一切，这也为与众不同的人开辟出一条道路，帮助他们在这个世界上茁壮成长，让这个世界能够看见并欣赏他们的天赋。

【知识卡】

荣　格

荣格是瑞士心理学家，分析心理学的创始人，他创立的集体潜意识理论对哲学、心理学、文化人类学、教育等领域产生了深远的影响。

荣格小时候非常敏感脆弱，他总是独自玩耍，他用木头刻了一个小人，放在铅笔盒里，同时又在铅笔盒里放上一块小石头，最后把铅笔盒藏在阁楼的房梁上，确保谁都找不到。

每当荣格陷入困境，受到伤害或内心压抑时，他就会想起这个木质小人。每隔几周，荣格都会趁人不注意时，偷偷跑到阁楼上，把写着自己秘密的小纸卷放进铅笔盒里。

这可能就是荣格在和自己的人格进行交流，这是潜意识的。荣格成年后，他强调童年的秘密是人格形成的关键。后来，荣格还把小人做成石像，立在家中的花园里，并给雕像起名"生命的呼吸"。

荣格小时候敏感脆弱，促使他更多地关注自己的内在。成年后，荣格的精神分析研究带着年少时的影子，比如，童年时的潜意识、中学时出现的第二人格、大学时对自然的关注等。

疗愈坏情绪

在这一部分，我们主要讲述三种疗愈坏情绪的方法：练习原谅、培养自尊心和写日记。

练习原谅

如果你抱着过去的伤害不放，实际上你

是在以这种方式释放自己的痛苦。或许你认为照料过去的伤口可以给你控制权，避免暴露你的不完美，你甚至有时候会幻想，你终于可以伤害那些曾经伤害过你的人，可以获得公平，实现报仇。但是，与其试图去控制或反复回忆一个伤害性的情景，不如集中精力控制你对伤害的反应。

治疗坏情绪最好的方法之一，就是原谅曾经伤害过你的人。原谅可以给你新的选择，让你生活在一个更加现实的世界。另外，如果你没有原谅过去的那些伤害，它们会永远存在你心底，这是你想要的吗？

原谅不是纵容他人或者为那些伤害你的人找借口，原谅意味着你放下那些旧伤，继续你的生活。原谅与他人罪恶程度无关，也与他人意图的邪恶程度无关，因为原谅与他人没有任何关系。

你是为了自己才原谅其他人，而不是为了他人。你甚至不需要伤害过你的人知道你已经原谅了他们的伤害性行为，你的原谅行为是你与你自己之间的事——与他人无关。

培养自尊心

当你犯错误或者面对来自他人的敌意的时候，你最重要的资源就是你的自尊。一个拥有自尊的人，即使知道自己会犯错误，但仍然认为自己是一个有价值的人。或许你在某种状况下会犯错误，但你只是一个人，不是神。每个人都是不完美的，从来都不应该指望一个人做到完美。

不管生活中发生了什么事情，你都要尊重自己。因为自尊不依赖于外在的条件，例如，得到你想要的东西，职位获得晋升，拥有理想的伴侣，有更高的收入或有能力把事情做到完美。自尊意味着你认识到这样一个事实：不管其他人说什么，你都会无条件地爱自己，你都认为自己是值得被爱的。

所有人都会犯错误，有自尊的人会从错误中吸取教训。你也应该从自己的错误中吸取教训，因为你不可能不犯错误。你可以采取合理的预防措施，但是过度预防只会适得其反——你无法控制还没有发生的事情，你可以试着了解别人的想法，知道他人想从你这里得到什么，但这并不意味着你永远不会让他人失望。当你告诉别人你感到抱歉的时候，你不是在说你很愧疚，你是在表达一种遗憾，遗憾自己不是完美的。人类的不完美是有些遗憾，但永远不要因为自己不完美而审判自己。

写日记

写作具有一种独特的力量，能够让我们在情绪的波动中理清思路，找到自己。

约翰曾在伊拉克服役，他看起来是那种会参加地狱天使摩托车俱乐部的人。约翰并不是自愿来找心理咨询师的，他在一次酒驾听证会上，对法官的话表示反对，大发雷霆并向法官席提出指控，在此过程中，他跌倒并摔断了自己的两根肋骨，法官命令约翰接受心理咨询。约翰第一次见心理咨询师的时候，他认为他发脾气和摔断肋骨都是法官的错，而法官还命令他去接受心理咨询，这让他更加生气。心理咨询师建议约翰把他的感受写下来。

"不可能，"约翰厉声说，"不会有用的，何况我也没时间写。"

"那么，你现在有一个选择，那就是学习并使用情绪管理的方法，但是这种方法对现在的你来说是没有用的，"心理咨询师告诉他，"你可以使用情绪管理的方法，并希望它能有用，或者你可以试着把你的感受写下来。"

心理咨询师给了约翰一个黄色笔记本，并约好下周再见。当约翰再次来见心理咨询师的时候，他将笔记本递给心理咨询师。

心理咨询师快速翻看了几页，发现每页纸上都有约翰随意潦草写下的咒骂语。心理咨询师问约翰写下来后感觉怎么样。约翰挤出一个笑脸回答："确实好一些了，我不像过去那么紧张了。"

揭开痛苦记忆的过程就像剥洋葱，可能气味很难闻，可能会让你流泪，但却有治愈的效果。把你的经历写下来，看起来或许违反常理——你可能希望忘记你的悲伤与痛苦，不想再次回忆，但是，写作可以帮助你

记下你的心得体会

57

释放痛苦的情绪，让你更加客观地看待事物，而不是陷在过去的创伤中无法自拔。写作还可以帮助你获得洞察力，看清楚愤怒情绪背后的想法，以及自己对事件的解释，自己如何控制感情，如何表达感情，因为感情不可避免要被表达出来。如果你把自己的想法抽象地锁在脑海里，就无法评估它们在多大程度上反映了你的实际生活和真实的你。但是，当你将自己的想法变成白纸黑字的时候，你就可以理出头绪了。

为了以一种切实可行的方法衡量你的坏情绪，请在写日记前先回答下列问题：

第一，你写的是什么情况？

第二，这个情况最糟糕的后果是什么？

第三，这个情况让你感觉如何？

第四，什么时候你有过这种感觉？

回答完这四个问题之后，再回到第一个问题，然后重复这个过程。一遍遍问自己这些问题，直到你发现了一些看似毫无关联的记忆或经历。正如前文所说，揭开痛苦记忆的过程就像剥洋葱一样，可能气味很难闻，可能会让你流泪，但却有治愈的效果。

记下你的心得体会

58

你可以通过给伤害你或者冒犯你的人写信的方式来释放你的坏情绪，在你的无意识中这些可能是你无法接受的感受，但是当你把这些感受带入你的意识并使它们具体化时，通过化解有意识的、理性的头脑与有意识或无意识的情绪反应之间的冲突，你可以更进一步。

为了让写日记的作用发挥最大，你可以养成以下三个习惯。

第一，为写日记预留固定的时间。早上一起床，请你打开日记本，记下昨晚的梦，你也可以写下这一天的计划。睡觉前，你也写日记，这可以帮助你回顾这一天。

第二，固定一个写日记的地点。可以是你的写字台，可以是一把舒服的椅子，可以是公共场所（如公园）或咖啡店，也可以是商场的美食广场。

第三，用一些道具如你喜欢的钢笔或者你认为特别的本子。或许你会发现，只是拿起你喜欢的钢笔或者你认为特别的本子，你就会思绪万千。

当你把你头脑和心里的所思所想写下来

的时候，你获得的不只是管理情绪的能力，还有你情感的正当性。你确认了对自我的感觉，让你自己拥有了存在的合法性，不是作为儿子、兄弟、丈夫、朋友或员工，不是在你的梦里、想象中或者幻想里，而是在真实的世界，在真实的时间里存在。你不是被动地回应着这个世界，你有自己的思想和情感，你是生活的主导者和掌控者。

【小贴士】

下面几个问题可以帮助你源源不断地产生书写的想法。

（1）你想要实现什么？

（2）如果你想要实现的事情已经实现了，那么从长远来看，你的生活会受到怎样的影响？最理想的结果是什么？

（3）你会给处于同样情况的其他人什么建议？

（4）什么事让你最生气？

（5）你最生谁的气？

（6）除了生气，你还有其他什么感觉？

（7）事情后来进展如何？

（8）随着事情的发展，你脑中想的是什么？

（9）事情发生时，你的生活如何？

（10）现在只是想这件事情，你有什么感觉？

（11）这件事有没有让你想起与这件事不相关的其他人？

（12）你从这件事中学到了什么？

（13）这件事发生时，你做什么事会让你高兴起来？

（14）如果当时你做了会让你高兴起来的事，可能会带来什么负面结果？

（15）什么阻止你，让你没做会让你高兴起来的事？

（16）在做让你高兴的事之前，你必须做什么？

（17）如果当时你做了会让你高兴的事，你现在的生活会有哪些不同？

缓解压力

一个人如果压力很大，那么会在他的精神体系内形成一种间隔性能量，导致身体调节机能紊乱，思想体系运转失衡，甚至引发疾病，一夜黑发变白发。因此，我们要学会缓解自己的压力。

【知识卡】

情绪聚焦疗法

情绪聚焦疗法是一种情绪管理的方法，其英文名是 Emotion-Focused Therapy，简称 EFT，亦译为"情绪取向疗法"。它是人本–存在主义疗法最新的一个发展，也被称为过程经验疗法或体验疗法。情绪聚焦疗法是近年整合派的后起之秀，并具有雄厚的实证研究基础，倾向于应用个体心理治疗技术，并提出"情绪教练"的术语。格林伯格（Leslie Greenberg）认为，在情绪管理中，心理咨询师可以以教练的身份给来访者以指导。

情绪聚焦疗法认为，情绪改变是来访者成长和永恒幸福或持久改变的必要元素。它描述了情绪表达的效果，并把情绪的适应性潜力作为创造有意义心理改变的关键要素，主张心理咨询师和来访者都要直接关注这样的一些策略，如促进觉知、接纳、表达、利用、调节和转换情绪的策略，以及在心理咨询师的帮助下矫正来访者情绪体验的策略。其治疗目标为增强自我、调节情绪和创造新的意义。

体育锻炼

我曾因抑郁症而跑步，通过跑步我把抑郁症治好了，今天现身说法，我也很坦率地表达这一观点：马拉松或长跑对治疗抑郁症确实有作用。

——优客工厂创始人　毛大庆

有人说，世界上只有两种人：一种喜欢运动；一种还不知道自己喜欢运动。运动是一项有益于身心健康的活动。当你有了烦心事，运动是治疗烦恼、摆脱抑郁、排解烦闷的最好良药，是完善人格、净化心灵的最好方法。

我国两所知名大学不约而同地推崇体育。在北京大学的操场上有一句非常醒目的标语："完善人格，体育为首。"清华大学更是提出"无体育，不清华""为祖国健康工作50年"的口号，并将游泳、长跑列为必修课，不达标就不能毕业。

科学研究表明，运动会让人产生内啡肽和多巴胺，这些物质能使人部分消除疲劳感、疼痛感，让人神清气爽，精力充沛，甚至会对运动上瘾。

长期坚持运动的人如果停止运动，不仅会带来身材走样、体能下降，还会引发一系列心理问题。美国科学家做过实验，让长期坚持健身运动的人停止健身，同时把日常体力活动降低到最低限度。试验的第二天起，被测试者开始变得紧张、焦虑、沮丧，但恢复运动后，他们又变得愉快起来。

努力奋斗，多些选择权利

不是有钱却很善良，是有钱所以善良，如果我有这些钱的话，我也可以很善良，超级善良，钱就是熨斗，可以把一切都熨平了。

——韩国电影《寄生虫》台词

王尔德（Oscar Wilde）说："在我年轻的时候，曾以为金钱是世界上最重要的东西，现在我老了，才知道的确如此。"钱的确是个好东西，世间90%的事情都可以用钱来解决，剩下的10%也可以用钱来缓解。

"民之为道也，有恒产者有恒心，无恒产者无恒心。苟无恒心，放辟邪侈，无不为己。"当你银行卡里的存款一点点增长，你心中的底气才能一点点增加，选择的权利也会变得更多。没钱你连选择的权利都没有。有位文化名人给她儿子写了一封信，信上说："孩子，我要求你用功读书，不是因为我要你跟别人比成绩，而是因为，我希望你将来会拥有选择的权利。选择有意义、有时间的工作，而不是被迫谋生。"

回归日常生活

> 幸福的生活，永远从飘着菜饭香味的厨房开始。
>
> ——欧派广告

人间烟火气，最抚凡人心。大多数人都是平凡人，工作烦了，打拼累了，享受一下人间烟火，调整一下自己，也是释放压力的很好方式。

你应该去体验一下人间烟火，将工作和烦心的事情抛到脑后，逛逛菜市场，走进厨房，系上围裙，在案板上细细切碎生活中的酸甜苦辣，在油锅里慢慢煎炒人生中的悲欢离合，你可以获得心灵治愈。古龙说，当一个人对生活失去希望时，就放他去菜市场。因为不论怎么心如死灰的人，一进菜市场，再次真实地嗅到人间烟火的气息，也必定会重新萌发出对生活的一丝眷恋。

　　你应该用心去体验生活，认真拖拖地，整理凌乱的房间，给绿植浇浇水、剪剪枝，沉浸在家务劳动中，这可以让你暂时忘记烦恼，还能给你带来心灵的平和与力量。干家务的时候，你的手会保持忙碌，你的脑袋会感到放松，这会带来治愈的效果。

　　你应该去体验人间烟火气，远离钢筋水泥铸就的城市的喧嚣，到乡村去，打理属于自己的一亩三分地，自己种菜、自己采摘，不必有农药残留之苦，不再有食材不新鲜之忧，既满足了你对品质消费的追求，还可以让你体验耕种过程中劳动的快乐，这是一种舒爽的休闲方式。

　　你应该去体验人间烟火，在炎炎夏夜撸串吃小龙虾，将仿佛长在手上的手机放在一边，边吃边喝边聊，把人生故事糅进一杯杯平顺甘醇的啤酒里，与朋友面对面侃大山，互相倾诉一下心里的话，那一刻，所有的压力都会抛到九霄云外……

表露创伤

记下你的心得体会

把你的痛苦告诉给你的知心朋友，就会减掉一半；把快乐与你的朋友分享，快乐就会一分为二。

——弗朗西斯·培根

据统计，超过 50% 的人一生中至少会经历一次创伤事件。如果我们将创伤事件和负面情绪憋在心里太久，压抑自己的真实情绪，就会引发更多的身心健康问题。如果我们表露创伤，就可能获得疗愈的效果。

所谓表露创伤就是将创伤经历和感受用文字或语言的形式表达出来，用现在的流行语来表达就是"吐槽"。心理学家发现，从每天都可能遇到的小小烦心事，到失业、失恋、失去健康这些较大的人生挫折……当你遇到这一切黑暗之后，用文字表达出来，就会找回幸福光明的关键所在。

表露创伤，其实是一种治愈。心理学上有一种说法叫"与人连接，痛苦减半"。研究指出，通过表露创伤获得治愈的关键，其实不在于对方是什么身份，和我们的关系如何，而在于我们是否能够获得支持性回应，即倾听者能否恰当地理解、关怀和支持受到创伤的人。因此，选择愿意支持我们、值得信赖的人作为你的"树洞"，坦诚地说出自己心里的话，这是创伤表露的重要一环。

通常，人们会先试探性地和家人、朋友等亲近的人来谈论创伤，方式往往比较迂回，通过反复试探，绕很多圈子，才可能涉及真正的创伤事件。而在确定对方可以接受我们对创伤事件的描述并收到一些积极、安全的反馈后，人们才会进一步表露自己在创伤中的角色、感受，并回忆一些细节。这种试探的做法有必要，可以有效避免二次创伤。

小结

1. 寻找真实的自己包括五个阶段：第一阶段：尚未觉察（在这一阶段，你尚未觉察自己与别人有什么不同。你还没有发现自己独特的品质）；第二阶段：觉察（在这一阶段，你开始注意到自己有一些特质或者倾向，使得你和别人不一样）；第三阶段：构建新的自我故事（寻找那些能够解释你的生命体验的知识）；第四阶段：与世界建立新的联结（开始思考改变之前的价值观，不断尝试新的方法）；第五阶段：归真（形成自我认同，接纳自己与众不同）。

2. 疗愈坏情绪的三种方法：练习原谅，培养自尊心，写日记。

3. 缓解压力的四种方法：体育锻炼；努力奋斗，多些选择权利；回归日常生活；表露创伤。

反思·实践·探究

案例一：赫芬顿（Arianna Huffington）是《赫芬顿邮报》的创始人之一。在她的职业生涯中，由于她过度努力工作，导致她出现了一系列身体和情绪问题。这一经历启发她创建了一家专注于健康和幸福的公司。赫芬顿每天坚持冥想，保证充足的睡眠，以此来缓解压力。同时，她也倡导人们更加重视自身及家人的身体和心理健康。

案例二：强森（Dwayne Johnson）是一位演员、前职业摔跤手。他经常强调锻炼对缓解情绪压力的重要性。他的社交媒体上也充满了积极的信息，鼓励人们克服困难，积极思考。他积极的生活态度让他成为一个情感弹性的榜样。

案例三：奥普拉（Oprah Winfrey）是美国著名的电视主持人、演员和慈善家。她出生在贫困家庭，童年饱受虐待，但她通过积极的自我反思和心理成长，成功地克服了这些困难并走向成功。她强调通过阅读、自我探索和内在坚强来缓解情感压力。她鼓励人们通过分享自己的故事和情感经历来与他人建立连接。

以上三位名人分别采用了哪些缓解情绪压力的办法？结合自己的兴趣，想一想自己缓解情绪压力的方法有哪些。

平衡工作与生活

个人成长与职业赋能

【知识导图】

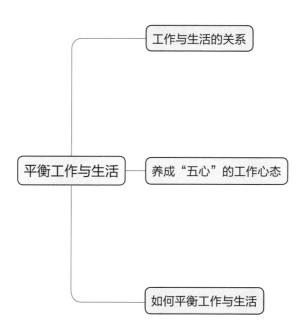

工作与生活的关系

平衡工作与生活 — 养成"五心"的工作心态

如何平衡工作与生活

生活和工作之间的平衡不能一蹴而就，而需要持续的努力。

——海伦·凯勒

工作与生活的关系

随着时代的改变，科技的进步，工作对时间和地点的要求越来越少，我们下班后可能在家里处理工作邮件，我们在海滩度假时可能会接听老板的电话处理工作事件，我们在公园陪伴孩子时可能会通过手机回复客户信息。有人认为，这让工作拥有了更好的弹性，让我们的工作更便捷，也有人认为，工作在慢慢入侵我们的生活，毁掉我们的幸福，让我们的压力越来越大……

对于工作与生活，一直存在两个思维误区：工作与生活如同鱼与熊掌，不可兼得；先有工作再有生活，工作和生活存在因果关系。解决思维误区的前提是改变思维。如何从这两个思维误区中走出来，重新理解工作与生活的关系？

工作和生活的关系问题本质上是一个

取舍的问题，就像一些人总是会选择牺牲陪伴家人的时间去加班工作，认为工作带来的收获更大，另一些人会选择为了家庭放弃工作。其实，工作和生活并不是对立的关系，对工作和生活的关系心存困惑的人应该是没理解这两个概念——目标导向和主动选择。

我们要意识到，努力工作的定义并不是每周996，即早上9点上班，晚上9点下班，每周工作6天，而是完成阶段性目标。无论是领导还是员工，都应该制定目标，可以是未来几年的目标、一年的目标，当月的目标，等等。当我们实现阶段性目标时，我们就应该奖励自己或者开始下一个阶段的目标，清晰自己每个阶段的目标，以目标为导向，这样工作才不容易出现混乱，才会让自己更有把握感。

此外，你要清楚知道自己真正想要的是什么，并在行动上心无旁骛，朝目标靠拢。只有知道自己真正想要的东西，才能做到主动选择。很多人没有意识到自己的人生其实都是"别人"说了算。比如，因为父母催婚而选择结婚以及自己想要结婚而选择结婚是

记下你的心得体会

两个完全不同的概念，一个是被动的选择，一个是主动的选择。我们要主动选择，因为主动选择和被动选择将会给你带来两种不一样的人生。

生活与工作不是因果关系，而是并行的关系，并不是先有工作后有生活。每个人每天都在生活和工作中切换，拥有美好的生活能让我们更好地工作，而努力工作则让我们获得美好的生活。因此，工作和家庭应该是相辅相成的关系。

比如，当我们工作顺利时，回家后我会成为更好的丈夫、妻子、父亲、母亲。当我在家里开心时，工作时我会成为更好的领导、员工。工作和生活是一种和谐的关系。

如果追求工作与生活的平衡，那么就意味着工作与生活之间存在交换的关系。这时候，即使你拥有比别人更多的时间，你也无法分清什么时间属于工作，什么时间属于生活，你会更加纠结和痛苦。

因此，追求工作和生活的平衡不如追求工作和生活的和谐，做一些有趣并有意义的事情。面对工作和生活，我们应该作出自己的选择，我们为未来而工作，为合适而工作，我们通过工作创造的价值会让自己的生活更美好。

【知识卡】

工作家庭冲突

工作家庭冲突指的是个体在工作和家庭两个人生最重要领域感受到的角色间冲突，是工作与家庭关系的一种极端形式，是很多人在日常生活中普遍感受到的压力源之一。

工作家庭冲突的定义最早是由卡恩（Robert L. Kahn）、沃尔夫（Donald M. Wolfe）提出的。他们认为，工作家庭冲突是指工作角色对个体的要求与个体的家庭角色发生了冲突，而个体不能够平衡来自两方的压力。内特迈耶（Richard G. Netemeyer）等人认为，个体投入工作的时间和精力以及工作要求导致个体产生压力，这种压力影响个体履行家庭角色，从而导致角色冲突。至今，有关工作家庭冲突的定义并没有统一的认识，但是研究者对工作家庭冲突的核心本质有共识，即工作家庭冲突的核心是角色冲突。

养成"五心"的工作心态

正如一句小品台词说的那样,"海燕啊,你可长点心吧!"在这个智商过剩的时代,走心是唯一的技巧。生活与工作是相通的。在工作中,我们要用"五心"的工作心态对待工作,努力做一个专业的、有价值的人。

第一,爱心,让工作多些温度。

人的生命,不能以时间长短来衡量,当你心中充满爱时,刹那即永恒。我们常说:"最爱吃的面就是妈妈做的手擀面。"你之所以最爱吃妈妈做的手擀面,那是因为里面充满了妈妈的爱,妈妈的爱让手擀面变得与众不同。

工作也是需要一点温度的。用雷锋的话说就是:"对待同志要像春天般温暖,对待工作要像夏天一样火热。"工作时你有没有爱心,带不带真诚,对方是能够感受到的。

管理工作与人直接打交道,要求管理者必须依靠个人影响力将工作士气带动起来,推动工作进行。这需要管理者有温度,带着感情去做事。要知道,我们无法通过智力和理性去影响别人，但情感却能做到这一点。

郑板桥在《墨竹图题诗》中写道："衙斋卧听萧萧竹，疑是民间疾苦声。些小吾曹州县吏，一枝一叶总关情。"公务员看到一起事故的死亡人数时，看到的应该不仅是一串数字，而是一个个鲜活的生命。公务员看到下岗职工报表时，看到的应该不仅是简单的报表，而是一个个在生计方面将遇到很大困难的家庭……

如果一名管理者心中无爱，即使业务水平再高，头脑再聪明，管理能力再强，话说得再冠冕堂皇，但是，他内心深处的冰冷还是会在不经意间流露出来，给人一种不舒服的感觉。因为这种发自内心的爱，不是装出来的，不是表演出来的，也不是秀出来的。

做人需要有温度，组织同样也需要温度。一个文明的城市一定是一个有温度的城市，一个文明单位也一定是让人有良好体验的单位。要知道，未来的竞争必将是用户体验的竞争，靠的不仅是速度，更是温度。"温度"这个词被写入政府工作报告和企业宣传语中，成为政府施政纲领和公司发展的新名片，成为未来美好生活的重要愿景。

第二，专心，心无旁骛钻进去。

有人问爱迪生："成功的第一要素是什么？"爱迪生回答说："能将你身心能量锲而不舍地运用在同一个问题上而不会觉得疲倦的能力。"

专家调查发现，人与人之间的差距并不是由智力造成的，而是由专心程度造成的。"心无杂念，专心致志"是成功者的共通之处，也是成功的先决条件和核心秘诀。只有排除干扰，全神贯注地投身于工作，付出努力，才可以实现持续精进和成功。这条道路是通往成功的唯一道路。

首先，专心需要一心一意，不能心猿意马。现代社会人面临的选择很多，面临的诱惑也不少。据统计，仅手机用户平均每天要解锁手机 90 次，按照 8 小时标准睡眠时间计算，扣除标准睡眠时间后，人们平均每 10 多分钟就会解锁一次手机。我们的注意力被如此频繁地切割，我们还能全神贯注吗？因此，现代社会比以往任何时代都更加需要沉下心来好好做事的人。

记下你的心得体会

其次，专心需要聚焦、聚焦、再聚焦。《孙子兵法》说："故备前则后寡，备后则前寡；备左则右寡，备右则左寡；无所不备，则无所不寡。"现实情况教育我们，全面平庸往往不敌片面深刻。无论干什么工作，要做出一些成绩，都需要聚焦、聚焦、再聚焦。

"有为者辟若掘井，掘井九轫而不及泉，犹为弃井也。"挖十口浅井，不如挖一口深井。在一个方面做"头把刀"，胜于在十个方面当"二把刀"。认认真真做一件事可以证明你的很多能力。马马虎虎做十件事，也什么都证明不了。

2014 年 12 月，任正非在《致新员工书》中写道："现实生活中能把某一项业务精通是十分难的，您不必面面俱到地去努力，那样更难。干一行，爱一行，行行出状元。您想提高效益、待遇，只有把精力集中在一个有限的工作面上，不然就很难熟能生巧。您什么都想会、什么都想做，就意味着什么都不精通，做任何一件事对您都是一个学习和提高的机会，都不是多余的，努力钻进去兴趣自然在。"

人怕就怕在本职工作还没做好，就心猿意马，盲目跟风，这山看着那山高，频繁更换赛道。要知道，每重新进入一个陌生领域，就意味着前期的投入都将成为沉没成本，一切都得重敲锣鼓另开张。"少则多，多则惑"，人的精力是有限的，将鸡蛋放进100个篮子里，最后的结果一定是你自己也记不清鸡蛋放在哪些篮子里了。

第三，细心，天下大事必作于细。

2013年中央美术学院95周年校庆征集名师画语录，近60%的师生选择了徐悲鸿当年在美院教学时倡导的理念："尽精微，致广大。"徐悲鸿正是用画作来实践这一理念的典型代表。徐悲鸿的作品，既有巨幅力作，令人叹为观止；也有袖珍小画，同样精彩纷呈，跃然纸上。比如，有印章一般大的奔马，英姿飒爽；有三厘米的麻雀展翅，五脏俱全。徐悲鸿最擅长的就是画马。有人将徐悲鸿的奔马放大20倍以后，发现了一些肉眼无法看到的细微秘密：这些奔马的骨骼、血肉画得惟妙惟肖，栩栩如生。

天下大事必作于细。大事小事在道理上是相通的，精微小事做好了，大事自然也就做好了。很多人喜欢做大事，不屑做小事，导致能力与野心不匹配，徒增了好多迷茫和痛苦。事实上，真正的功夫在于细微之处，在细节之中显水平。

立足本职岗位，将事情做实、做细、做到位。汪中求在《细节决定成败》中指出，现代企业中想做大事的人很多，但愿意把小事做细的人很少；我们的企业不缺少韬光伟略的战略家，缺少的是精益求精的执行者；不缺少各类管理规章制度，缺少的是不折不扣地执行规章制度。

不论未来组织如何演变，在一个团队里，最稀缺、最受欢迎的永远是认真细致做好每一件事情，踏踏实实做实每一个环节，将本职工作扎扎实实做到无可挑剔、尽善尽美的员工。把每一件简单的事做好就是不简单，把每一件平凡的事做好就是不平凡。

小事做不好，也会带来大麻烦。在西方有一首流传甚广的民谣："少了一枚铁钉，掉了一只马掌；掉了一只马掌，瘸了一匹战马；瘸了一匹战马，损失一员大将；损失一员大将，败了一次战役；败了一次战役，丢了一个国家。"小水沟里翻大船。细小的事情往往发挥着重大的作用，不注重细节就可能引起重大的工作的失误，带来大麻烦，甚至造成无法挽回的损失。

第四，恒心，一生做好一件事。

恒心，就是要有一种几十年如一日的坚持与韧性，冬练三九、夏练三伏，日拱一卒，功不唐捐，干一行、专一行、精一行，倾一生的时光与精力以及一生的思维与智慧，把一件事做到极致。

"骐骥一跃，不能十步；驽马十驾，功在不舍。"人生是一场旷日持久的里程，比马拉松还长，比的不仅是速度和反应力，还是耐力和坚毅精神，能在一件事上持续投入多久。赢得竞争的，往往不是巨大优势的短期爆发，而是微小优势的长期积累。默默坚持，笨笨地努力，度过那段无人问津的寒冬，就能迎来百花齐放的春天。

环顾一下朋友圈，你不难发现，最成

功的人肯定不是最聪明的人，而是对目标最有激情、最持久、最有耐力的人。时间不会辜负付出努力、坚持枯燥而漫长的刻意练习的人。这应了王安石的一句话："世之奇伟、瑰怪，非常之观，常在于险远，而人之所罕至焉，故非有志者不能至也。"

很多事情暂时没有解决路径，但是请你别着急，暂时将事情搁置一边，时间会帮你解决。比如，有些事情晚上睡觉时你还一筹莫展，但一觉醒来可能就柳暗花明，突然有了答案，好似任督二脉被瞬间打通一般。

任正非在一次会议上给大家讲了龟兔赛跑的故事，并大力倡导乌龟精神。他认为，乌龟精神就是认定目标、心无旁骛、艰难爬行，不投机、不取巧、不拐大弯，跟着客户需求一步一步爬。

很多时候，我们缺的不是能力，怕的不是起点低，而是乌龟般前进的毅力和坚持，踌躇满志，慢慢前行。虽然乌龟爬得很慢，但它不走捷径，一直坚持前进，终将抵达终点。

人不可能无所不能，那些真正厉害的人总是在下笨功夫，集中最核心的智力、体力和精力，在自己最有天赋，也最热爱的那条路上精耕细作，将一件事情做到极致，尽力成为该领域里很难替代或无可替代的，具有核心竞争力的人。

要想做到这一点，需要做到以下两点。

一是高水平。高水平指的是总结自己和前人的经验，每一次都有所收获，有所进步，今天比昨天好一些，明天比今天好一些，后天比明天好一些，努力提升自己的专业水平。遗憾的是，大多数人做事情是在低水平上、漫不经心地重复，只能停滞在某个阶段，不能成长为一棵参天大树，无法进阶。因此，职场老司机未必更有竞争力。很多人干了几十年专业的事但仍然不够专业，增加的只是工龄，专业水平依然很低，甚至还会有所退化。

二是大量。投入大量的时间和精力，体现了个体的专注和坚持。有些领域需要坚持十年、二十年、三十年，有时甚至需要坚持一辈子。功夫明星李小龙曾说，我不怕遇到练习过一万种腿法的对手，但害怕遇到将一种腿法练习一万次的人。人要有工匠精神，一生专注做一份工作，不断精进提升。这样的人无论做什么工作，都能做得有声有色。一生专注做好一件事，也是一件十分美好的事，这样的人最有魅力，也最能打动人的心弦。

第五，虚心，从善如流，虚怀若谷方能获得成功。

在《易经》中专门有一卦以"谦"命名，谦卦是唯一六爻皆吉的卦。谦卦告诉我们，谦虚者前途大好。一个人从小到大，只要能够保持美好的品德，做人谦虚，对人谦让，修养自己宽阔的心胸，就可以换来幸福。谦虚对人是非常有益的。

稻盛和夫曾这样评价松下幸之助先生：松下先生总是用主动请教别人的方法促使自己进步，即使经营成功，也依然贯彻"一辈子当学生"的信条。这种虚怀若谷的精神是松下先生真正伟大之处。

谦虚不仅是在礼仪表象方面，说些"我水平有限，请多包涵""哪里哪里，实在不敢当"之类的客套话，而是从内心放低姿态，思维开放，广开言路，从善如流，持续吸收别人的知识和能量。

"海不择细流，故能成其大。山不拒细壤，方能就其高。"一个人能吸收到什么样的能量，取决于她自己的内心。有什么样的内心，就会吸收到什么样的能量。当你打开智慧之门，以空杯的心态迎接知识时，时空的能量会源源不断地流入你的身体，你获得的能量将超乎你的想象。

在现实生活中，不乏看到身价很高的老板，诚邀一些教授喝茶聊天。虽然这些身经百战的老板对问题可能有深刻的认识，但是他们仍然诚意求知，静静地听，默默地想，有时还拿出手机在备忘录里记一些关键内容。他们就像一个待吸水的海绵，拼命吸引教授分享的想法和话语，很有可能当天就通过电话调兵遣将，迅速将想法变成行动方案，实现知识的价值。

现在社会上流行一个概念叫"傻瓜指数"，简单地说就是一个人觉得自己多久以前是一个傻瓜，半年前、一年前还是十年前，这个时间代表了一个人成长的速度。如果一个人觉得自己十年前是个傻瓜，那他的傻瓜指数就是十年；如果一个人觉得自己一年前是个傻瓜，那么他的傻瓜指数就是一年。

傻瓜指数是一种典型的成长型思维，反映一个人是否有开放的思想和空杯的心态，是否有提升自我的强烈愿望。拥有成长型思维的人，他们的逻辑里没有成功，只有成长，他们发自肺腑地自以为愚，能够不断看到自己的不足和无知，永远在追求、探索未知的领域。即便功成名就、走向人生的巅峰，他也会主动放下荣誉的包袱，归零后再出发。

乔布斯有一句被人们反复引用的话，"求知若饥、虚心若愚"（Stay hungry, Stay foolish）。人从来不怕无知与浅薄，人最要警惕的是自负与自满。一旦自负与自满滋生心田，那么这个人的高度与深度再无可拔高与提升的可能。事实上，当一个人沉浸在昨天的辉煌，不停回忆当年，回忆曾经的成功，那就表明他已经老了。

记下你的心得体会

【知识卡】

阿 德 勒

阿德勒（Alfred Adler，1870—1937）是精神分析学派代表人物之一，个体心理学创始人，也是人本主义心理学先驱。

阿德勒的童年生活不幸福，他身材矮小，背有点驼，有过与软弱和自卑抗争的亲身经历，因此阿德勒理论的基本观点来自他自己的经验。阿德勒体弱多病，他对疾病和死亡有着清醒的认知。

5岁时，阿德勒差点死于肺炎，他听到医生对他父亲讲："阿德勒可能不行了。"这次生病经历使阿德勒决定成为一名医生。小时候，阿德勒总觉得自己不如哥哥，因为哥哥比他健康，比他有活力。阿德勒还觉得自己不如邻居的孩子，因为他们也很健康，经常参加体育运动。阿德勒将自卑感视为创造力的源泉。生活中，阿德勒一直都在挑战自己的恐惧和怀疑，他用自己的亲身经历驳斥了认为生活中的一切都是命中注定的理论。阿德勒认为，我们的交际能力和对他人的关心是衡量我们成熟度的标志，社会兴趣是判断一个人心理是否健康的标准。

如何平衡工作与生活

首先，认识自己的生活状态。

认识自己的生活状态是非常重要的。人们需要了解到自己的身体健康状况和心理健康状况及其重要性，并了解自己的压力点和生活质量状况。只有认识到自己的身心健康状况，才能更好地寻找解决方案。

其次，学会放松和缓解压力。

人们可以通过各种方式来放松和缓解压力，如运动、瑜伽、冥想、阅读等。这些方法可以帮助人们更加平静和放松，从而缓解生活和工作带来的压力。适当休息也可以帮助您恢复体力和精力，减轻压力。例如，你可以每天为自己安排 30 分钟的锻炼时间，确保晚上有足够的睡眠时间。同样，在保证

记下你的心得体会

90

休息时间的前提下，你可以为自己安排锻炼身体、阅读、听音乐或从事其他休闲活动的时间。这可能会让你更放松，增强自我控制力和自我调节力，更好地应对生活和工作的挑战。

再次，管理好自己的时间。

第一，制订工作计划，化无序为有序。许多管理者常以没时间作为不作计划的借口，但是，越不作计划，越觉得没有时间。计划是工作有效率的前提，只有把那些看似烦琐、乱成一团的工作，变得有条理、有逻辑的计划，工作效率才能提高。

值得注意的是，在制订计划时，不能把时间表排得满满当当，分秒必争，这样只会增加压力，可以适当留出一些空白时间，以便应急或用来调整心情。

第二，运用"90分钟原则"，挤出整块时间集中做好一件事。"90分钟原则"认为，一个普通人"超过90分钟"将无法集中精力，而"不够90分钟"则难以处理好一件事。尤其是现代社会，"手机控"的占比越来越高，我们要有意识地控制自己，学会管住自己的手，不要经常下意识地摸手机，把整块的时间碎片化。

德鲁克曾指出，每一位知识工作者，尤其是每一位管理者，要想有效就必须能整块地运用时间。如果将时间分割开来零星使用，纵然总时间相同，结果时间也肯定不够。我们可以运用"90分钟原则"，制订一次小型会议、开展一次绩效面谈、作出一项重要决策。

此外，一名管理者还应该确保员工有足够的、不被打扰的工作时间，让他们能专心致志地工作，集中精力，关注重点，进而提升工作效率。当员工正在紧张工作时，除非情况紧急，否则最好不要贸然打断他们的工作。

第三，充分利用碎片化时间进行学习和思考。时间就像海绵里的水一样，只要挤，总是会有的。想一想，即使我们工作生活很忙，我们还是可以挤出一些碎片化时间学习和思考。比如，边走路边思考一下工作的思路，或许你会有意想不到的收获；在乘车过程中，你可以通过一些平台学习，让通勤时间不枯燥；约朋友一起用餐，等待朋友赴约

记下你的心得体会

的时间，你可以读两篇文章；早晚洗漱的时候，你还可以听一下当天的新闻，补充一下资讯信息等。

第四，及时清理办公桌，做到整洁有序。美国西北铁路公司前董事长罗兰·威廉姆斯说过："那些桌子上老是堆满乱七八糟东西的人会发现，如果你把桌子清理一下，留下手边待处理的一些文件，你的工作就会进行得更顺利，而且不容易出错。这是提高工作效率和办公室生活质量的第一步。"

试想一下，如果你的办公桌上乱七八糟，你想找一件东西却找不到，那会浪费你多少时间。但是，如果你实行物品位置定位管理，那么当你想找东西时，你自然能轻松定位位置，长此以往，你会省出好多寻找的时间，还能有效避免差错。因此，管理者应该懂得将物品整齐归类，保持办公桌整洁、有序。

第五，及时将电脑文件分类、归档。现代社会已经实现办公数字化，对管理者来说，电脑就像农民手里的镰刀和锄头一样，是必备的劳动工具。因此，及时将电脑文件分类、归档就显得很有必要。

记下你的心得体会

最后，建立良好的人际关系。与家人、朋友和同事建立良好的人际关系，可以让你在需要时获得社会支持和鼓励，缓解你的压力和焦虑。当我们遇到一些困难时，我们可以向家人、朋友和同事寻求帮助和支持。他们可能会提供一些有益的建议和鼓励，让我们感到更有信心和勇气面对困难。

每个人在职场中都会面临着向上、向下和左右的关系，向上就是与上级的关系，向下就是与下属的关系，左右就是横向的同事关系。当"上下左右"基本平衡时，这个人的沟通状况是健康的，职场状态也是稳定的。人际关系不仅是幸福的重要因素，还是生产力，可以直接影响一个人的收入水平、事业高度以及健康长寿。

小结

1. 工作和生活并不是对立的关系，也不是因果关系，而是并行的关系。

2. "五心"的工作心态包括：爱心，让工作多些温度；专心，心无旁骛钻进去；细心，天下大事必作于细；恒心，一生做好一件事；虚心，从善如流，虚怀若谷方能获得成功。

3. 平衡工作与生活需要：认识自己的生活状态，学会放松和缓解压力，管理好自己的时间，建立良好的人际关系。

反思·实践·探究

马斯克（Elon Musk）在科技领域取得了卓越的成就，是特斯拉和太空探索技术公司的创始人和首席执行官。虽然马斯克是一位十分忙碌的企业家，但他非常重视工作和生活的平衡。马斯克喜欢将一天划分为不同的时间块，分别处理工作任务和家庭事务，这一习惯有助于确保他的工作不会混到家庭生活中。马斯克非常注重生活质量，哪怕工作任务再多，他也会安排时间来放松、锻炼，以及与家人共度时光。他建立了强大的领导团队，以便能够将工作任务委托给团队，帮他分担工作压力，这使他有更多的时间用于生活。

1. 马斯克是如何平衡工作和生活的？

2. 马斯克平衡工作和生活的策略，哪些能应用到自己身上？

破译幸福密码

个人成长与职业赋能

【知识导图】

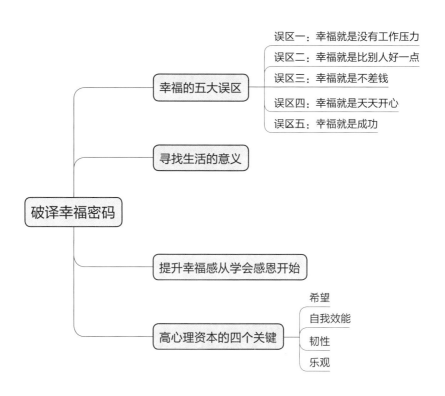

破译幸福密码
- 幸福的五大误区
  - 误区一：幸福就是没有工作压力
  - 误区二：幸福就是比别人好一点
  - 误区三：幸福就是不差钱
  - 误区四：幸福就是天天开心
  - 误区五：幸福就是成功
- 寻找生活的意义
- 提升幸福感从学会感恩开始
- 高心理资本的四个关键
  - 希望
  - 自我效能
  - 韧性
  - 乐观

真正能够持续的幸福感，需要我们为了一个有意义的目标快乐地努力与奋斗。

——泰勒·本·沙哈尔

幸福的五大误区

谈到幸福，有些人片面地认为幸福就是没有工作压力，就是比别人好，就是不差钱，就是无忧无愁无烦恼，就是成功……但这些都不是科学意义上的幸福。下面，我们来讨论一下幸福的五大误区。

误区一：幸福就是没有工作压力

睡觉起来，如果没有困难可以挑战，我也不想活了，活着没有什么意义。

——宏碁集团创始人 施振荣

有一首打油诗，描述一份好工作应当是这样的：钱多事少离家近，位高权重责任轻，睡觉睡到自然醒，数钱数到手抽筋。这首打油诗传递了不正确的思想和价值观。这种不劳而获甚至不劳多获的现象，不符合市场价值规律，在现实生活中属于极小概率事件。可是，如果有一天，你真的获得了一份这样的工作，你一定会幸福吗？

刘强东曾经说过，他很享受努力工作的状态，平均每天花在工作上的时间达 16个小时，躺在沙滩上晒太阳会让他觉得很痛苦。

有人说这是成功人士不食人间烟火，站着说话不腰疼的表达。事实上，即使是普通劳动者，如果每天都不劳而获，也会有同样的痛苦。

一个在一家企业工作的员工，待遇很好，"单位基本上什么都发"，家与办公室前后院，步行五分钟的路程，不用赶公交、挤地铁，没有通勤奔波之苦。平时工作是管理一群外包人员，什么活都不用自己干，每天动动嘴就好了……但是，他却感觉自己并不幸福，甚至有些郁闷，还萌发了辞职的念头。他抱怨说："这份工作太简单、太无趣、太乏味、太没有技术含量了，感觉无法实现自己的价值。"

看到这里，你可能会说，这个人是身在福中不知福，得了便宜还卖乖，是典型的"凡尔赛"式自夸。但是，新冠疫情肆虐时，很多人因此有了一个百年不遇的超长假期，有了一段不用工作就可以陪伴人的时光。但是，你感觉幸福吗？

刚开始很多人觉得很享受，但是，随着时间的推移，边际效应迅速递减，这种不工作的生活慢慢变为一种煎熬。有的人说：不用上班，有手有脚，元气满满，满腔热血，却无处可用。

有道是"忙的人没有悲伤的时间"。人只有忙起来，才能感受到生命的充实和快乐，才能感悟到生命的意义和价值。人一闲下来就会出现很多是非和烦恼，这正应了那句老话"地里不长庄稼就长草""无事生非"。

飞机待在地上很快就会生锈，人闲起来很快就会出问题。闲着没事、没有压力有时也是一件让人觉得受罪的事，完全闲下来无聊的日子往往会让人觉得浑身不自在、不踏实，身体上的毛病更多，罗曼·罗兰有一句名言："生活最沉重的负担不是工作，而是无聊。"

有些人退休后赋闲在家，本该是颐养天年，享受天伦之乐的时光，但没想到老得更快，几年不见判若两人。大量心理学研究证据表明，与无所事事的老人相比，那些经常要做一些事的老人要幸福和长寿得多。

心理学家曾做过这样一个实验，他们付费给一些大学生，对他们的要求就是他们什么也不能做。他们的基本需要可以得以满足，但是却不能做任何事。4—8 小时后，这些大学生开始感到沮丧，尽管参与研究得到的报酬非常可观，但他们宁愿放弃参加实验也要选择做事。

为什么不做事反而让人感觉不安呢？积极心理学家契克森米哈伊（Mihaly Csikszentmihalyi）通过调查发现，福流的体验，在工作时出现的概率（54%），大大高于休闲时出现的概率（18%）。他指出，人类最好的时刻，通常是在追求某一目标的过程中，把自身实力发挥得淋漓尽致之时。

【知识卡】

福　流

福流，也被称为心流，是积极心理学开创者之一契克森米哈伊在 20 世纪 70 年代提出的一个概念。

福流指个体将注意力完全投注在某种活动上的感觉，即人们在行动或创造时，全神贯注、乐在其中的幸福的感受。福流会伴随着兴奋感和充实感。简言之，福流是个体专注于某项活动而产生的一种极大的幸福感。自 1990 年，关于福流的第一部专著出版以来，福流受到全世界的追捧和热议。有些人觉得福流是一个高深莫测的学术概念，有些人觉得福流是一个非常接地气的概念，为人们在俗世中寻找幸福指引了道路。通往幸福的道路简单来说就是两个词——投入和乐趣。

福流的概念告诉我们，幸福来源于积极投入，只要你积极投入，有方法、有巧劲儿、有乐趣，全身心地投入做事，你就会感受到生活的乐趣。要想获得幸福，你必须达到心理能量上的一个分割点。在没达到这个分割点之前，你不能投入做事，感觉闲得慌，空虚无聊；在超过这个分割点之后，你投入太多，感觉累得慌，即便获得完美结果也难以抵消你心里的倦怠和疲乏。唯有在分割点附近，在福流中，你才感到最幸福。

斯坦福大学心理学教授麦格尼格尔（Kelly McGonigal）研究发现，幸福的人并不是没有压力的人。相反，那些压力很大，但把压力看作朋友的人才感觉幸福。压力也是动力，是让我们的生活更有意义的能量。

当然，压力也是有限度，不是压力越大越好。相关研究发现，任务过难和任务过易之间有一个区域，在这个区域，我们不但可以发挥最大的潜力，还可以享受过程的快乐。也就是说，任务挑战难易适度的时候，人最容易获得成就感。再具体一点，任务难度略高于个人技能 10%—20%的时候，人最容易获得成就感（如图 1 所示）。

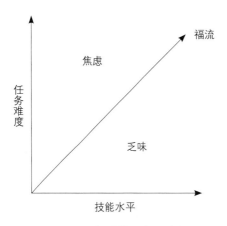

图 1　合适的压力是幸福

资料来源：《零压工作：构建职场幸福大厦》，中华工商联合出版社，2022 年出版。

因此，想要让压力保持适当水平，关键是选择一份与自己能力相匹配的工作。高能力做低挑战的事容易让人觉得无聊；低能力做高挑战的事容易让人焦虑。在焦虑和无聊之间，有一个空间，人在其中很容易进入专注状态，这就是做与能力匹配的有适当挑战的事。

误区二：幸福就是比别人好一点

有一种人的幸福叫"比别人好一点"，他们喜欢在与他人的比较中找到平衡，获得幸福感。

有一种恶叫"见不得别人比自己过得好"，本来感觉好好的，看到邻居买房了，同事升职了，朋友炒股发财了……便开始陷入无端的焦虑中。自古以来就有"不患寡而患不均"的说法，不怕自己得到的少，就怕自己得到的比别人少。更有甚者，有些人将幸福建立在别人的痛苦之上，对别人的不幸津津乐道、幸灾乐祸，一心盼着比自己混得好的人倒霉遭殃，从中找心理安慰。这让人想起歌德的一句名言："人变得真正低劣时，除了高兴别人的不幸外，已无其他乐趣可言。"

俗话说，幸福就像一双鞋，合不合适只有自己的脚知道。成功必须排名次，但幸福却不需要。幸福是人心灵深处的感觉。只有掌握在自己手中的幸福，才是稳定持久的幸福。要知道，人生下来就有不同，有的人一生都奋斗在去罗马的路上，有的人生下来就在罗马。每个人都有自己的生活方式，都有自己的精彩，也都有自己的无奈。

"人比人得死，物比物得扔"，比较是没有意义的，比较是很多人生悲剧的源头。分配利益时，自然有人分得多一些，有人分得少一些，有人会升上去，有人会降下来……这时，能不能保持心理平衡就变得非常关键。你是否幸福其实与他人无关，而与你幸福的能力和方法有关。幸福完全取决于自己。只要你自己觉得幸福，你的人生就是最完美的答卷。

误区三：幸福就是不差钱

金钱和幸福是正相关的关系，但是，金钱对幸福的作用却不是无限的，而是存在临界值，存在天花板效应。在达到临界值之前，金钱和幸福感呈正相关关系。一旦突破"临界值"这个限度之后，金钱对幸福的影响作用就不那么明显。美国研究者发现，年收入 7.5 万美元是金钱正向影响幸福的临界值。

心理学研究发现，一个人是否感到幸福，并不取决于实际拥有多少钱，而是取决于实际拥有多少钱和想拥有多少钱的比例，比值越大，人的幸福感越强。

人对金钱的看法比金钱本身更能影响人的幸福感。由于每个人的欲望是不同的，有些人欲壑难平，想拥有更多的钱，尽管财富不少，但幸福感并不强；有些人认为"人间有味是清欢"，钱只要可以满足基本的生活需要就够了，尽管财富不多，但却自得其乐。因此，有些人虽然没有很多钱，但却感到很幸福，有些人虽然很富有，但却觉得不快乐。

有媒体曾做过一份调查："你认为世间最奢侈的物品是什么？"评选结果表明，世间最奢侈的物品均与物质满足无关。真正的幸福与快乐永远是由内而生，而不是外在赋予。人生真正的价值，来源于感悟生活，来源于星空与云海，来源于信任与陪伴。

可能很多人都幻想通过中大奖的方式，实现一夜暴富，"朝为田舍郎，暮登天子堂"。然而，这些运气爆棚，真的实现一夜暴富的幸运儿，并不一定从此就真的过上幸福的生活。

误区四：幸福就是天天开心

在谈到幸福时，有些人认为幸福等于没有痛苦，天天开心，无忧无愁无烦恼。而任何经历过负面情绪，无论是嫉妒或者愤怒、失望或者悲伤、恐惧或者焦虑的人，都算不上是一个真正幸福的人。

有这种看法的人，要的不是幸福，而是完美。幸福不等于完美。"月有阴晴圆缺，人有悲欢离合"，真实的人生永远有春夏秋冬，潮起潮落，鲜花荆棘。有些人为了让自己变快乐，压抑心中的忧郁，装出幸福的样子，对不快乐采取回避的态度，逃离真实的生活，但是该来的总是要来，生活的真相我们迟早要面对。当面对生活的真相时，有些人没有变得快乐，甚至觉得更不快乐了。

要知道，在这个世界上，最不能伪装的东西有三样——咳嗽、贫穷和幸福，越伪装越欲盖弥彰。人们所有的感受其实流过同一条情绪通道，当我们阻挡痛苦情绪时，其实就是在间接阻挡快乐情绪。而当这些痛苦情绪长期不能被释放出来的时候，它们会膨胀并且变得更强烈，一次次地卷土重来，到了最终暴发的时候，往往会彻底击垮我们。

对待幸福的科学态度应该是不伪装，做一个完全真实的自己，敢于直面真实的人生，准许自己做一个完全的人，像小孩子一样，想哭就哭，想笑就笑，不逃避生活，不压抑自己。"祸兮，福之所倚；福兮，祸之所伏。"幸福和痛苦是共生共存的孪生兄弟。不如意也是构成我们生活必不可少的元素，所谓人生不如意十之八九，不完美的人生才是生而为人真实的模样。人的这一生，小的时候可能快乐多一些，等到长大后，就始终被五味杂陈的生活包围。幸福不是没有痛苦，遭受痛苦是人生的常态，哪怕是那些幸福的人，也一样会经历许多痛苦。

个人成长与职业赋能

电影《爱在日落黄昏时》中有一句经典台词："人们总是觉得自己是唯一痛苦的人。"我们总是觉得别人的生活比自己好，其实，家家有本难念的经，没有谁比谁过得更好。

在充满激烈竞争的现代社会里，没有一份工作是不辛苦的，没有一种职业是吃着火锅唱着歌就可以拿高薪的，没有一个人不劳动就可以收获，不付出努力就可以赢得别人尊重的。越是表面光鲜亮丽的事业，越需要付出更多的心力。欲戴其冠，必承其重，所有的伟大，都是努力得来的。

痛苦不可怕，关键是怎么看待痛苦。幸福的家庭都是相似的，幸福的人在看待痛苦方面也是相似的，那就是将痛苦视为生命必需的营养成分，并从中获得感悟和成长。

真实的生活比小说还要难得多，但是，天下没有白受的苦，白吃的亏，白担的责，白扛的罪，白忍的痛，这些痛苦到最后都会变成光，照亮你前方的路。孟子说："故天将降大任于是人也，必先苦其心志，劳其筋骨，饿其体肤，空乏其身，行拂乱其所为，所以动心忍性，曾益其所不能。"

痛苦可以帮助人更好地感知幸福。一个随时随地都快乐的人往往感知不到幸福，只有当他有负面感受时，才能激发出他对幸福的觉察。炎炎夏日，一直蹲在树荫下乘凉的人是感受不到凉快的幸福的，只有在日光暴晒下劳作一番，再回到树荫下，才能体会到凉风习习的幸福。

稻盛和夫回忆自己经历的数次苦难，庆幸自己由此变得更坚强，才能造就如今的自己，倘若出生在优越之家，捧在手心怕摔了，含在口中怕化了，轻松进入期望的学校就读，顺利进入知名的大企业就职，全然不知人间疾苦，那我的人生道路将是截然不同的。

记下你的心得体会

误区五：幸福就是成功

成功与幸福有较强的正相关，但又非等同的关系，并不是简单的成功或升职加薪就等于幸福。有关研究表明，一般来说，越成功，越幸福，成功可以带来幸福，但二者却不是必然的因果关系。

人们渴望成功，很多人更是希望走捷径

快速成功。但是，越想走捷径越会走更多的弯路，正如茨威格在《断头王后》里所说，她那时还太年轻，不知道命运馈赠的礼物，早已暗中标好了价格。

成功是可遇而不可求的。成功是一种自然而然的产物，是一个人无意识地投身于某一伟大事业时的衍生品，或者是为他人奉献时的副产品。如果只想着成功，那么越想成功，就越容易失败，而且还会产生焦虑等一系列不良情绪反应。

据《中国青年报》报道，在名校里读书最大的挑战并不是学术，而是焦虑感和不幸福感。成绩越优秀，对自己的期待越高，焦虑感反而越强烈。这些名校学生在外人眼中是千军万马过独木桥的胜出者和成功者，但这种成功并不一定给他们带来幸福。美国心理学会也曾公布大学校园危机，近一半的大学生感到"绝望"，近三分之一的学生承认在过去 12 个月中，由于心情过度低落而影响了正常的学习和生活。

因此，如果你拿着成功学的地图去寻找幸福的新大陆，是抵达不了目的地的。但

记下你的心得体会

是，如果你拿着幸福学的地图，去寻找成功的新大陆，却会一路顺风。

越幸福，越成功，幸福本身也能带来更多的成功，幸福对成功的推动却是必然的。幸福是提升生产力最直接、最有效的方法。一个心中洋溢着幸福的人，一定是充满激情去工作的人，也一定是可以把握更多的机会，产生更好的绩效的人。

【知识卡】

人际关系让我们更快乐

哈佛大学医学院麻省总医院精神科医师、精神分析师瓦尔丁格（Robert Waldinger）教授在一场演讲中分享了他的一纵向研究案例。该研究在75年的时间里，追踪了724位男性，年复一年地对他们访谈，询问他们的工作、家庭生活和健康状况。最初访谈的724名男性中，在演讲时，大约还有60位尚在世并继续参与这项研究，他们绝大多数已经超过90岁了。

在研究中，研究者不只让他们填写问卷，还会对他们进行面对面的访谈，并从医生那里获取他们的就医记录和血样，和他们的孩子们交谈，用摄像机记录他们和的妻子的谈话，了解其最隐秘的担忧。

从这项长达75年的研究中，研究者得出了最清晰的结论，即良好的人际关系让我们更快乐，也更健康。

寻找生活的意义

人类的一切热情（无论好的还是坏的）都是因他想使生命有意义。必须让他找到一条新的道路，能激发他生命的热情，让他比以前更感觉到生命活力与人格完整，让他觉得活得更有意义。这是唯一的道路。否则，你固然可以把他驯服，却永远不能把他治愈。

——弗洛姆

人类和动物的一个重要区别是，人类是有灵性的，可以真切地感觉到事情的意义，而动物则无法过有灵性的生活，动物行为的意义只限于追求满足感和逃避痛苦。

记下你的心得体会

人活着是为了什么？人生的意义在哪里？在理想很丰满，现实很骨感的时代，发现生命的意义，可以增强我们战胜困难的勇气和信心，还能让平淡的生活多些诗意和远方。

【知识卡】

生命的意义

《活出生命的意义》的作者弗兰克尔认为，人生最重要的是发现生命的意义。弗兰克尔本人的人生经历就是20世纪的一个奇迹。作为犹太人，弗兰克尔及其家人被关进奥斯威辛集中营，弗兰克尔的父母、妻子、哥哥，全都死于毒气室中，只有他和他的妹妹幸存。弗兰克尔不但超越了这炼狱般的痛苦，更将自己的经验与学术结合，开创了意义治疗法，替人们找到绝处逢生的意义，也留下了人性史上最有意义的见证。

根据弗兰克尔的观察，在集中营惨无人道的生存环境下，决定人们生死的并不是身体的健康状况，而是活着的意义。那些最终活下来的人，可能为了家人，为了子女，甚至为了尚未完成的书稿。而那些感觉人生没有意义、生活没有目标的人，通常会悲观失望，即使身体健康，也会很快失去生活的意义。弗兰克尔在书里反复提及德国哲学家尼采的一句名言："人们知道为什么而活，就能忍受任何一种生活。"

生活如果有意义，就算在困境中也能甘之如饴，让你时刻有活着、充盈的感觉；生活如果没有意义，就算在顺境中也度日如年、了无滋味。意义可以赋予生命别样的色彩。

当我们觉得生活有意义时，我们会有意做事。即使做同一件事，有意做事和无意做事的效果大相径庭。当你有意做一件事时，你是主动的，你的行为是主动的行为，是为了印证你的观点，你知道到自己在做什么，自己想要从中得到什么，知道拒绝什么与接受什么，这样你会更多地体验生命，更快实现自我成长。美国管理学者蓝斯登说："一旦在某些事情上投入了心血，带着明确的目的去做事，就可以减少重复，这样就能够大

记下你的心得体会

大提高工作效率。"

当你无意做一件事时，你是被动的，你的行为是被动的行为，像京剧《三岔口》表现的那样，工作表面上干得带劲，热火朝天，实际上却只是胡乱比画，捶胸顿足，无的放矢，效率很低。

虽然我们平常说"有心栽花花不开，无心插柳柳成荫"，乍一听好像有意还不如无意好。事实却是，"有心栽花"要比"无心栽花"成功的概率高得多，"有心插柳"也要比"无心插柳"成功的概率高得多。国际积极心理学学会理事任俊教授的研究证实了这个观点，积极心理学是有意地研究人的积极方面，和无意的研究相比，这种有意的研究带来的结果和效果完全不一样。

喝一样的葡萄酒，对有意者和无意者进行磁共振成像扫描。发现人脑的加工方式是不一样的，人的感觉也是不一样的。会喝葡萄酒的人，喝酒时是有意者，他们不会举杯畅饮，而是先将酒打开，打开后不直接喝掉，而是放置一旁"醒"一下酒，使

记下你的心得体会

葡萄酒与空气接触，在空气中挥发，进而产生更好的口感与味道。他们在喝酒的时候，也不会用手触碰杯子（手掌的温度会改变酒的口感），不会大口大口喝，而是用杯子口压住下嘴唇，慢慢将杯子上扬，头部自然后仰，一次抿一小口，细细体会葡萄酒的醇香浓郁，回味葡萄酒在口中的美好感觉。

孩子没有意识到青菜和萝卜对自己有好处，就不太喜欢吃青菜和萝卜。但是，当孩子意识到吃青菜和萝卜的好处后，行为就会有显著的不同，这是因为他们由一个无意者变成一个有意者。比如，当你告诉孩子，餐桌上的萝卜和青菜不是从楼下菜市场买的，而是从特别的地方买来的，是一种纯天然的有机食品，没打过任何农药，没上过任何化肥，是农民伯伯一根一根精心挑出来的，孩子吃了之后可以变得聪明、漂亮，记忆力会更好。虽然萝卜还是那个萝卜，青菜还是那捆青菜，但是，此时孩子吃起来感觉就很不一样了，会吃得有滋有味。

【知识卡】

马 斯 洛

马斯洛（Abraham. Harold. Maslow，1908—1970）美国社会心理学家、比较心理学家和人本主义心理学的创始人之一，是心理学第三势力的领导人。

1908年，马斯洛出生于纽约市布鲁克林区一个犹太家庭。马斯洛是家中七个孩子的老大，他的父亲酗酒，对孩子十分苛刻，他的母亲极度迷信，性格冷漠、残酷、暴躁。马斯洛的童年生活在痛苦中，从未得到过母亲的关爱。母亲去世时，马斯洛拒绝参加母亲的葬礼，可见他们母子关系之恶劣。马斯洛童年时体验了许多孤独和痛苦。不仅如此，作为犹太人，他住在一个非犹太人的街区，上学后又是学校里少有的几个犹太人之一，这一切使马斯洛成为一个害羞、敏感并且神经质的孩子，为了寻求安慰，他把书籍当成避难所。后来当马斯洛回忆童年时，他说："我十分孤独不幸，我是在图书馆的书籍中长大的，几乎没有朋友。"

上学后，马斯洛成绩优秀。马斯洛在学习美国历史时，杰弗逊和林肯成了马斯洛心中的英雄。几十年后，当马斯洛开始发展自我实现理论时，这些人则成了马斯洛研究的自我实现者的基本范例。青少年时期，马斯洛曾因体弱貌丑而极度自卑，通过锻炼身体以求得补偿。进入大学后，马斯洛读到阿德勒著作中自卑与超越的概念，受到启示，从此改变他的一生。在之后的求学生涯中，马斯洛逐渐找到自己的研究领域。在这个纷乱动荡的世界里，马斯洛看到光明与前途。

提升幸福感从学会感恩开始

树高千丈不忘根，人若辉煌莫忘恩。做人要饮水思源，常怀感恩之心，并发自内心地唱好同一首歌——《感恩的心》。感恩不仅是成功之后再表达的感情，而应是随时随地都要表达的事情。

第一，哪有什么岁月静好，不过是有人替我们负重前行。

当我们说自己的生活如何顺意时，要怀有一颗感恩之心，时刻感谢替我们负重前行的人。因为有了他们，我们才能自由自在地做自己，才能无所顾忌地追求自己的理想。

小时候，日子往往是幸福的，我们每天只管开心地玩耍，不用担心一日三餐如何放到餐桌；我们只管背着书包去上学，不用考虑学费从哪里来……长大以后，我们才知道，是父母帮我们做好一日三餐，帮我们缴纳学费，帮忙承担生活的琐碎和辛苦，让我们可以无忧无虑地玩耍和成长，让我们可以自由自在地学习。

工作以后，我们或事业有成，或快速成长，那一定是在不同时期得到不同人的相助。或许，他们帮你时的初衷各有不同，但没有他们的相助，你一定会在黑暗中摸索更长的时间，甚至不一定能走出黑暗。一个人取得的成就越大，他需要感谢的帮助过他的人就越多。

别人帮助我们，我们就要找机会把感谢说出来，而不能闷在心里，以为对方和你有心理默契，对你的感谢心知肚明。许多成功人士在公开演讲中，不论演讲时间多么宝贵，都不会在真诚感恩方面吝惜时间，而是真诚表达，让人听后理解和感动。

生活中有些人取得一些小的成就，就错把平台当成自己的能力，把机会当成自己的实力，把别人的恭维当成真心实意的赞美，被顺风顺水冲昏了头脑，开始贪天之功，自我膨胀起来，以为自己可以呼风唤雨、以为自己三头六臂，老子天下第一，认为团队离不开自己。殊不知，你取得的一切都可能是平台带来的流量，如果没有好的平台，你什么都不是!

真正的智者会非常清醒地认识平台的价值，而不会夸大自己的作用。一杯可乐在超市里只能卖到 2 元，在麦当劳餐厅可以卖到 10 元，在高档休闲娱乐场所可以卖到 20 元甚至更高，这就是平台效应。

《财富》杂志前总编休伊（John Huey）说："全球 500 强 CEO 很多都是我的好朋友，但是，只要我一离开《财富》杂志，他们会立即扔掉我的电话号码。"这么说，可能会让人生出一种"人走茶凉"之感，但是，对于一个运转健康的组织来说，"人走茶凉"是正常规律。一个领导干部从岗位上退下来，不再负责那份工作，自然也就没有了那份权力。

真正的智者也会清醒地认识时代的价值，"风来了，猪都会飞"，他要感谢时代给自己发展送来了东风，而不会把自己看成天生就善于飞翔的小鸟。

第二，感恩的人更幸福，得到也更多。

社会上研究感恩的专家和学者有很多，有关感恩的文章更是浩如烟海。东西方文化差异很大，但有一点，不管是东方研究者，还是西方研究者却不约而同地一致，那就是他们都特别强调感恩的作用。

出人意料的是，亚当·斯密竟然非常强调感恩的重要性。亚当·斯密清晰而又合乎逻辑地指出，正是激情与情感将社会交织在一起，情感（比如，感激之情）使社会变得更美好、更仁慈、更安全。

毫无疑问，当人心存感恩时，感恩会使人产生帮助他人的行为。在帮助他人时，人很难同时产生妒忌、愤怒、仇恨等负面情感，这会让人心情如阳光般灿烂。充满感恩的人能更好地应对生活压力，具有更强的抵抗力。即使在困境中，他也能发现美好的东西，其他人也会更喜欢他。

大量证据表明，感恩有益于身心健康和事业发展。感恩之心强烈的人，通常对生活更满意，帮助他人的行为动机更加强烈，更健康，睡眠也更加充足，焦虑、抑郁、孤独感都更少。感恩的人更容易融入生活，融入人群，和周围人和谐相处，也更多地接纳自我和个人的成长，有更强烈的目的感、意义感和道德感。

有研究发现，感恩和工作效率有密切的关系。那些在月底给自己的员工写一封感恩信的领导，可以显著提高员工工作积极性，让生产效率提高 20%。

人类最美好的品质就是感恩之心，感恩的好处多多，感恩的人也会因此收获更多。凡事皆有因果，显然，人们更愿意帮助那些一直感恩他们帮助的人，而不愿帮助那些忘恩负义的"白眼狼"。

人性最大的恶是不懂感恩，"不懂感恩是所有邪恶之源""不感恩是人可以做的最恐怖和最不应该的恶"。莎士比亚在《李尔

记下你的心得体会

王》里更是形象地写道:"一个忘恩负义的孩子比毒蛇的牙齿更让人痛彻心扉。"

高心理资本的四个关键

美国管理学家卢桑斯(Fred Luthans)认为,心理资本是企业除了经济资本、人力资本和社会资本这三大资本之外的第四大资本。他认为,高心理资本意味着一个人的内心是强大的、勇敢的、智慧的。高心理资本有四个核心内涵:希望(hope)、自我效能(self-efficacy)、韧性(resilience)、乐观(optimism),这四个核心内涵的英文首字母组合在一起刚巧就是HERO(英雄)。

希望

希望指的是个体面对目标时内心坚定的意志和积极的预期,你是否愿意花数小时,甚至数月坚持不懈,直到完成决心要做到的事情。简单地说希望就是永远相信美好的事即将发生。

身在黑暗,心怀光明。即使在至暗时

记下你的心得体会

刻，你也坚信光就在前方，坚持一直向着光的方向奔跑，你总会找到那束光，照亮新的征程。没有过不去的冬天，也没有到不了的春天。不管现在多么不堪，未来一定会好起来的，总有解决问题的办法。希望犹如心灵中的甘泉，滋养着人生。一个人最好的状态莫过于眼里写满了故事，脸上却看不见风霜，内心永远充满希望，周身洋溢着阳光。

"飘风不终朝，骤雨不终日。"满怀希望的人面临生活中的种种困难，始终相信终有一天一切会变好，而且会越来越好，因此绝不轻易言败。坚持既定目标，必要时重新确定通往目标的路径（满怀希望）以便获得成功。山再高，往上攀，总能登顶；路再长，走下去，总能到达。

领导者是高心理资本的代表。在应对风高浪急的局势变化时，领导者要做到处变不惊、行稳致远，让团队看到希望，像灯塔一样，引领团队走出困境。

自我效能

自我效能指个体对自己是否拥有那些能

够让其成功的品质和能力的相信程度。自我效能是自我认知的重要环节，也是实现自我管理的重要途径。

自信的人认为自己能够应对一切，敢于把自己的内心世界展示出来，并采取必要的行动并将行动付诸实践，努力完成挑战性任务。

自信是一种精神动力，可以让个体不断激励自己，自己跟自己较劲，不用扬鞭自奋蹄。

领导者要相信自己为公司、组织和团队制订的发展目标和设定的具体措施，相信自己的能力。人只有在真心相信自己的时候，才可以求得理想结果，最大限度地接近理想。

韧性

韧性对于那些总是处于高度挑战的人来说是极端重要的。从积极心理学的视角来看，韧性不是属于少数幸运者的一种特权，而是属于普通人的一种生活能力。同时，韧性还是一种可开发的能力，它能使人从逆境、冲突和失败中快速恢复过来。

没有过不去的火焰山。当遭遇逆境或困难时，有人性的人能坚持不懈，从哪里跌倒就从哪里爬起，而且可以迅速恢复活力，甚至超越以往，愈挫愈勇，获得成功。成功与否，不在当下，往往需要时间的检验。

韧性是一种宝贵的精神胜利的法宝。人可以被毁灭，但不可以被击败。要战胜困难，先要战胜自己。"一壶浊酒喜相逢。古今多少事，都付笑谈中。"无论当前经历的事多么糟糕，当你把它放在人生的历史长河中，都会发现它不过是简短到只有数页的一个章节，或是趣事一桩。

拿得起，放得下。得意忘形是不折不扣的贬义词，但比得意忘形更可怕的是失意忘形，是习得性无助。要像曹操煮酒论英雄时说的那样："龙能大能小，能升能隐，大则兴云吐雾，小则隐介藏形；升则飞腾于宇宙之间，隐则潜伏于波涛之内。"

乐观

乐观代表一种从自律、剖析过去、调整计划与未雨绸缪中获得经验的现实能力，乐观不是一种自我陶醉或者不切实际的自我膨胀。

乐观的人采用独特的解释风格，给现实和将来的成功作积极归因的人，会将成功归因于自己的人格特质，这样获得的成功才是永久的。乐观的人认为自己各方面都很棒。当成功时，乐观的人会继续努力，宜将剩勇追穷寇，最终获得全面的胜利。

面对失败，乐观的人也会把面临的挫折看成特定的、暂时的，是别人行为的结果，不把挫折归咎于自己。同时，乐观的人善于看到好的一面，坚信总有惊喜在不远处等着自己，不断鼓励自己。乐观的人遇到挫折后会很快振作起来，实现东山再起。

乐观是一种精神策略，能帮助人调节自己的心情，将失败的阴霾驱散。把失败和成功看作是人生常态，不把每次具体结果看得过重。正如爱迪生所说："我没有失败，我只是找到了一万种行不通的方法。"

乐观使人坦然接受现实，享受人生的各种时光。乐观和悲观都是一种生活态度，取决于个体对信息的解读，而不取决于信息本

记下你的心得体会

身如何。乐观与悲观都是可以传染的，跟什么样的人在一起，就会有什么样的生活态度。因此，我们要靠近乐观的人，远离悲观的人。

小结

1. 幸福的五大误区：幸福就是没有工作压力，幸福就是比别人好一点，幸福就是不差钱，幸福就是天天开心，幸福就是成功。

2. 多尝试各种新鲜事物，在这些过程中寻找自己生命的意义和价值。

3. 提升幸福感从学会感恩开始，感恩的人更幸福，得到更多。

4. 高心理资本的四个关键：希望，梦想不灭，绝不放弃；自我效能：相信自己，追求理想；韧性：使人从逆境、冲突，以及失败中快速回弹和恢复过来；乐观，能帮助人调剂自己的心情。

反思·实践·探究

鲁迅原名周樟寿，后改名周树人，是中国近代新文化运动的旗手。他为了改造国民精神写下一系列不朽的著作，然而他并不是学文出身。青年时期的鲁迅曾经立志学医，并东渡日本，在仙台医学专门学校学习。他想，如果能做一个有本领的医生，就能救治许多穷苦的病人，为国家和人民做出贡献。

不久，一件事改变了鲁迅的志向。在上细菌学课时，教室里放映了一部电影，其中有一个镜头，一群日军抓住一个中国人，说他是俄国人的间谍，要将他枪毙，周围竟然有许多目光呆滞的中国人在看热闹。看完影片之后，日本学生拍手欢呼，而鲁迅的心却被深深地刺痛了。他认识到，精神上的麻木比身体上的虚弱更可怕，中国民众麻木的心灵是无法用药治好的。他下定决心弃医从文，用笔来救治中国人麻木的灵魂。从此，鲁迅把写作作为自己的终生事业。

1918年5月，首次用笔名"鲁迅"发表中国现代文学史上第一篇白话小说《狂人日记》，深刻揭露了"吃人"的封建制度。此后，他陆续发表了小说《阿Q正传》《呐喊》等，抨击封建礼教对人的残害，为唤醒民众而大声呐喊。他热情支持青年学生斗争，写下了《记念刘和珍君》等一系列震撼人心的文章。他用特有的、深刻的、犀利的风格，毫不留情地解剖国民愚弱的心灵，猛烈地、毫不妥协地与封建主义、帝国主义进行斗争。

1. 请结合案例分析，鲁迅先生的高心理资本有哪些？

2. 请结合案例分析，鲁迅先生是如何寻找到生命的意义的？想一想，你打算如何寻找生命的意义？

图书在版编目（CIP）数据

做情绪的主人：情绪管理与健康指导手册/周卓平，
蒋柯总主编. — 上海：上海教育出版社，2024.1
ISBN 978-7-5720-2474-0

Ⅰ.①做… Ⅱ.①周… ②蒋… Ⅲ.①情绪－自我控
制－手册 Ⅳ.①B842.6-62

中国国家版本馆CIP数据核字(2024)第008739号

责任编辑　王　蕾　谢冬华
封面设计　陆　弦

心
空
间

Psychology

做情绪的主人：情绪管理与健康指导手册
周卓平　蒋　柯　总主编

出版发行　上海教育出版社有限公司
官　　网　www.seph.com.cn
地　　址　上海市闵行区号景路159弄C座
邮　　编　201101
印　　刷　上海颛辉印刷厂有限公司
开　　本　700×1000　1/16　印张 92.75
字　　数　1044 千字
版　　次　2024年1月第1版
印　　次　2024年1月第1次印刷
书　　号　ISBN 978-7-5720-2474-0/B·0060
定　　价　255.00 元（全十册）

如发现质量问题，读者可向本社调换　电话：021-64373213